これが光合成細菌だ!

柄杓から流れ落ちる赤い液体。これが光合成細菌の培養液です（＊）

右は、その光合成細菌培養液を自分で培養し、かん注したり葉面散布したりする、長崎県三《さん》田《た》春興さんのミニトマト。葉が分厚くて、トマトが鈴成り。三田さん、光合成細菌を殖やしたパワー菌液を手にニッコリ。

（本文16ページ参照。写真は＊以外赤松富仁）

細菌を 採る 殖やす

採る

光合成細菌は、池や下水、水田などに棲む嫌気性の土着菌です。ちょうど初夏から秋口にかけてが、菌を採取し培養するにはもってこいの季節！（指導　佐藤義次先生、一二四ページ参照）

養鶏農家の藤井勝二さん（右）と林哲史さん

田んぼから光合成細菌を採る

光合成細菌の培養液が7～8分目入った容器に泥水を入れ、空気が入らないようフタで密閉する

田んぼの水のたまっている部分の数カ所から泥水を採る

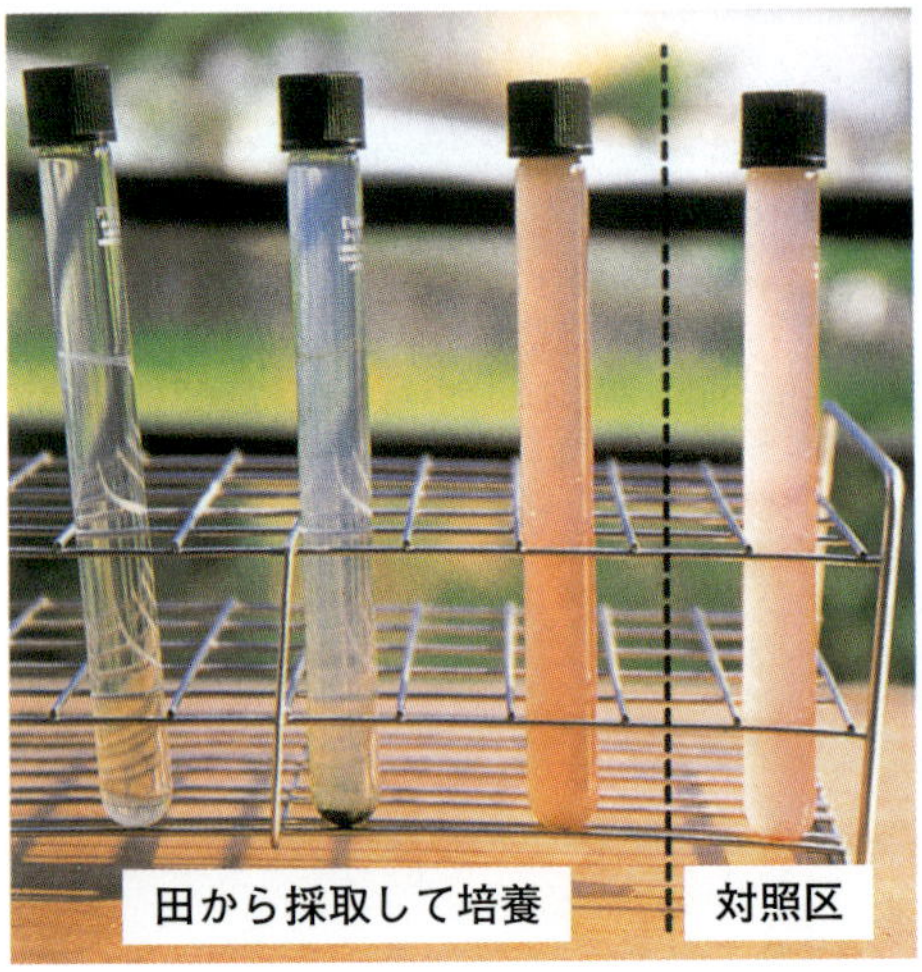

明るくて暖かいところに置く。菌がいれば1週間ほどで液が赤くなってくる。左の4本の試験管のうち、左の2本はだめだったが、3本目は菌が殖えて赤くなってきた。これに同量の培養液を加えてさらに培養しつづけ、安定すれば元菌とする（右端のものは光合成細菌を加えた対照区）

▼佐藤義次先生

田んぼの泥水から 光合成

殖やす

1 培養液をつくる（培養に必要なエサ（薬品）を調合する）

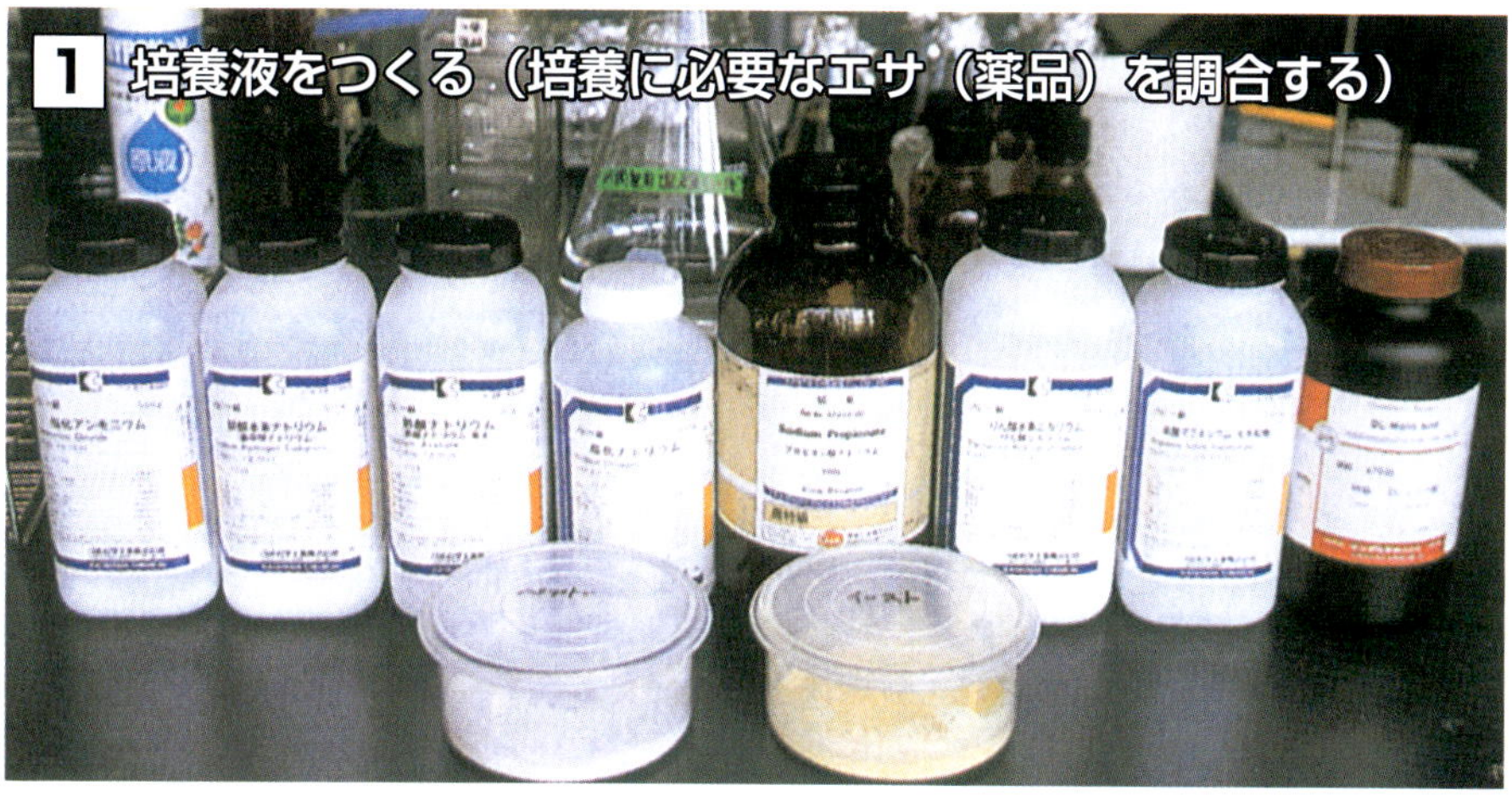

▼佐藤義次先生の研究所で、培養液づくりのキットも販売

2 元菌を培養液に溶かす

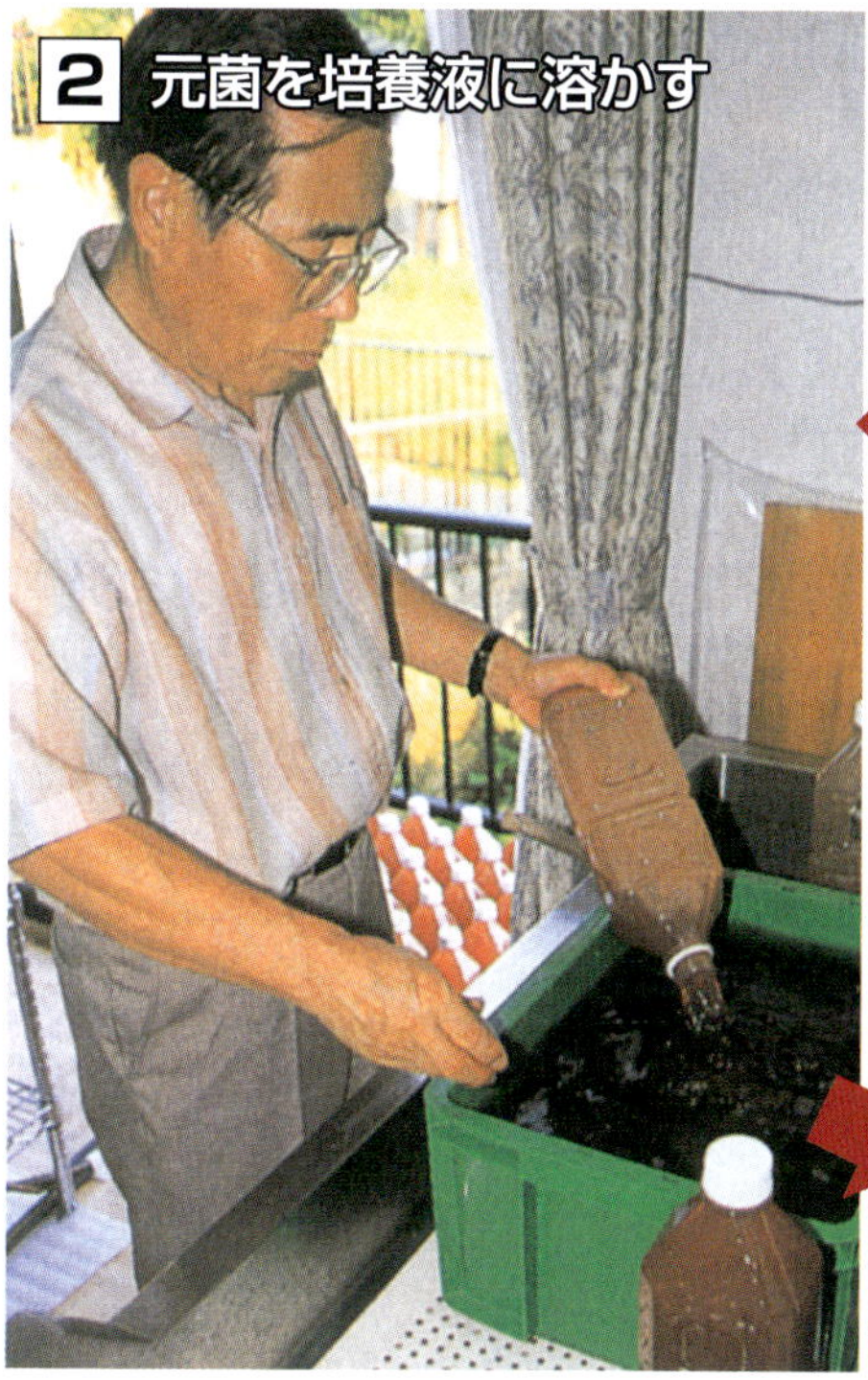

▲佐藤先生は自分の元菌を使うときは、培養液20ℓに元菌6ℓを溶かす

▲調合した薬品を水道水で溶かす

3 明るく暖かいところで培養する

海藻エキスを混ぜて殖やす

長崎県
本多陽生さん
（撮影　赤松富仁）

培養するときに、購入したエサに海藻エキスを加えると「光合成細菌が短時間でワッと殖える」と本多さん。（本文136ページ参照）

海岸に打ち上げられた海藻を集める

大鍋でグツグツ煮る。水30ℓに重曹を30g加えると海藻が繊維まで軟らかくなり、濃密なエキスが採れる

▼熱いうちにザルに上げ、布でこす

▼たまった海藻エキス。光の入らない容器に入れ、密閉して保存する

私流 光合成細菌パワーアップ術

同じ場所で採った光合成細菌でも、培養するエサによって色が変わる

◀バケツに泥と青草を入れて水に浸す

▼本多さんは、近くのため池の泥をとる

▶ビニールをかぶせて嫌気状態にすると、青草が腐って有機酸が発生。それをエサに光合成細菌が殖える

モミガラの給水を高めて機能性堆肥

光合成細菌液で発酵させたモミガラ堆肥

光合成細菌液をかける

水をはじき吸水しにくい
とされるモミガラも…

千葉県
布施信夫さんの方法
（82ページ参照）

光合成細菌液をかけると、分解しにくいモミガラもあっという間に発酵を始め、40日間で堆肥が完成。「発酵させると、モミガラのケイ酸が3倍効く」と布施さん。

① 材料を積み込んで沈ませる

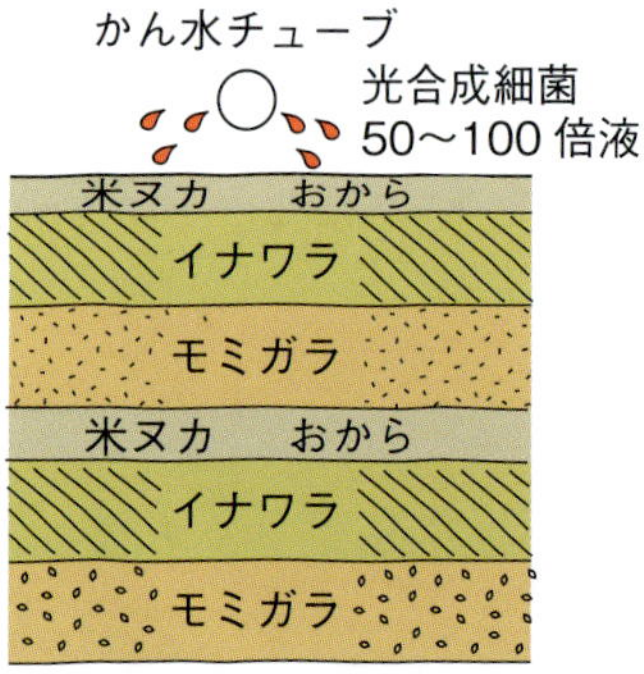

一段分の材料

- モミガラ　2m×6mの広さに膝の高さ
- イナワラ　モミガラと同量
- 米ヌカ　40kg
- おから　60kg

② 尿素を加え切り返す

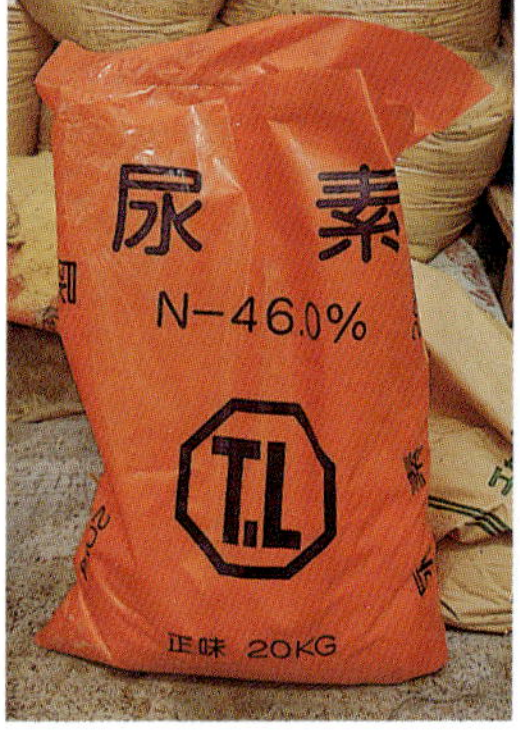

①4～5段分積んだ材料が沈んできたら、ひと山分（幅・奥行1m× 高さ60cm）を切返しの場所へ

②発酵促進のために、ひと山に500gの尿素添加

③10日に1回の切返し。40日間で完成

光合成細菌液の散布方法

水田での流し込み

水田なら、光合成細菌液の流し込み施肥で。燕さん、猪熊さんは、蛇口を調節して、30a分90ℓを半日で流しきる。手間はかからない。葉面散布なら動噴で。

▲水口に脚立を立てて、蛇口を取り付けたポリタンクから流し込みする新潟県の燕久麿さん（100ページ参照）

▼バケツに自作の蛇口を取り付けた栃木県の猪熊文夫さん（112ページ参照）

動噴による散布

▲エサに混ぜて鶏に食べさせる。フンの臭いもなくなる

▲鶏舎には光合成細菌液に、1000倍に希釈した木酢液を混ぜて動噴で散布する福岡県の久間康弘さん（76ページ参照）

ブランド「和食のたまご」。エサに光合成細菌を添加して黄身の色が鮮やかに

◀鶏のエサ。中段の赤い液体が光合成細菌液

放射能除染に 海水の浄化に

広島国際学院大学
佐々木健先生

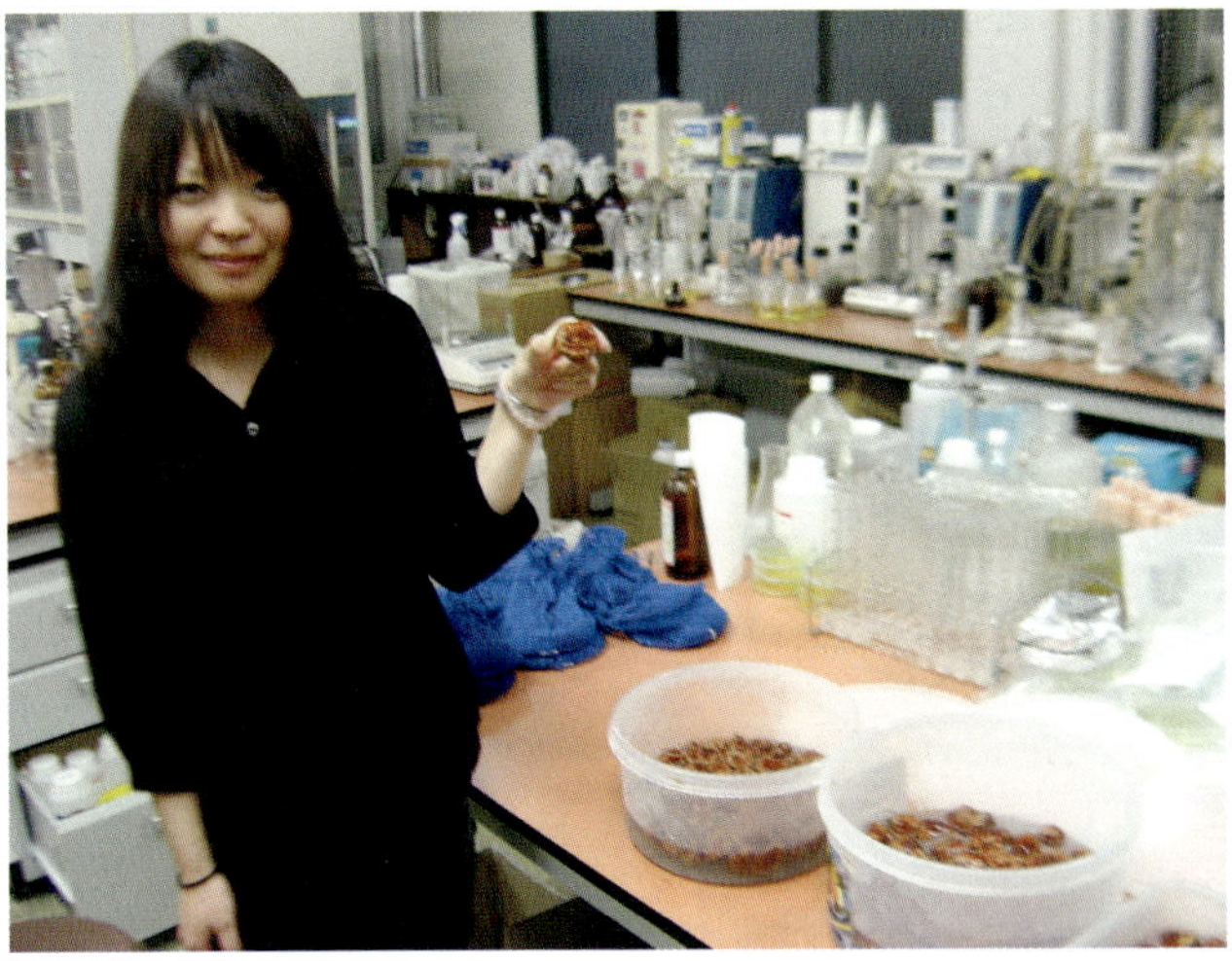

佐々木先生は広島の原子爆弾による放射能汚染を何とか浄化したいと願ってきた研究者。その成果の一つが、光合成細菌によって放射性物質を吸着して除染する技術である（143ページ参照）。

▲油分解耐熱光合成細菌
光合成細菌をアルギン酸で固定し、ブドウ状のビーズに加工したもの。網の目状のバッグに入れて、放射性物質を吸着させる

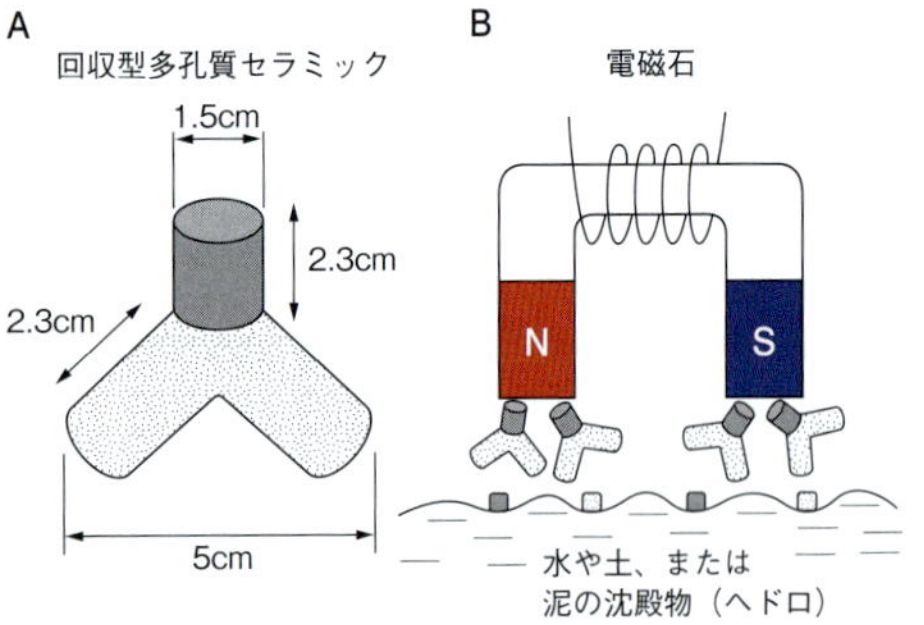

▲テトラポット型の多孔質セラミック
これを水中やヘドロの中に散布し、光合成細菌が吸着した放射性物質とともに、磁石で回収する。

放射能の除染

上の写真：女性が手にしているのが、磁石で回収可能な多孔質セラミックに、光合成細菌を固定したもの。桶の中は光合成細菌増殖中の多孔質セラミック。

海水浄化

光合成細菌は5-アミノレブリン酸生産能が高く、アオサ（青のり）の増殖促進と海水浄化に役立っている。

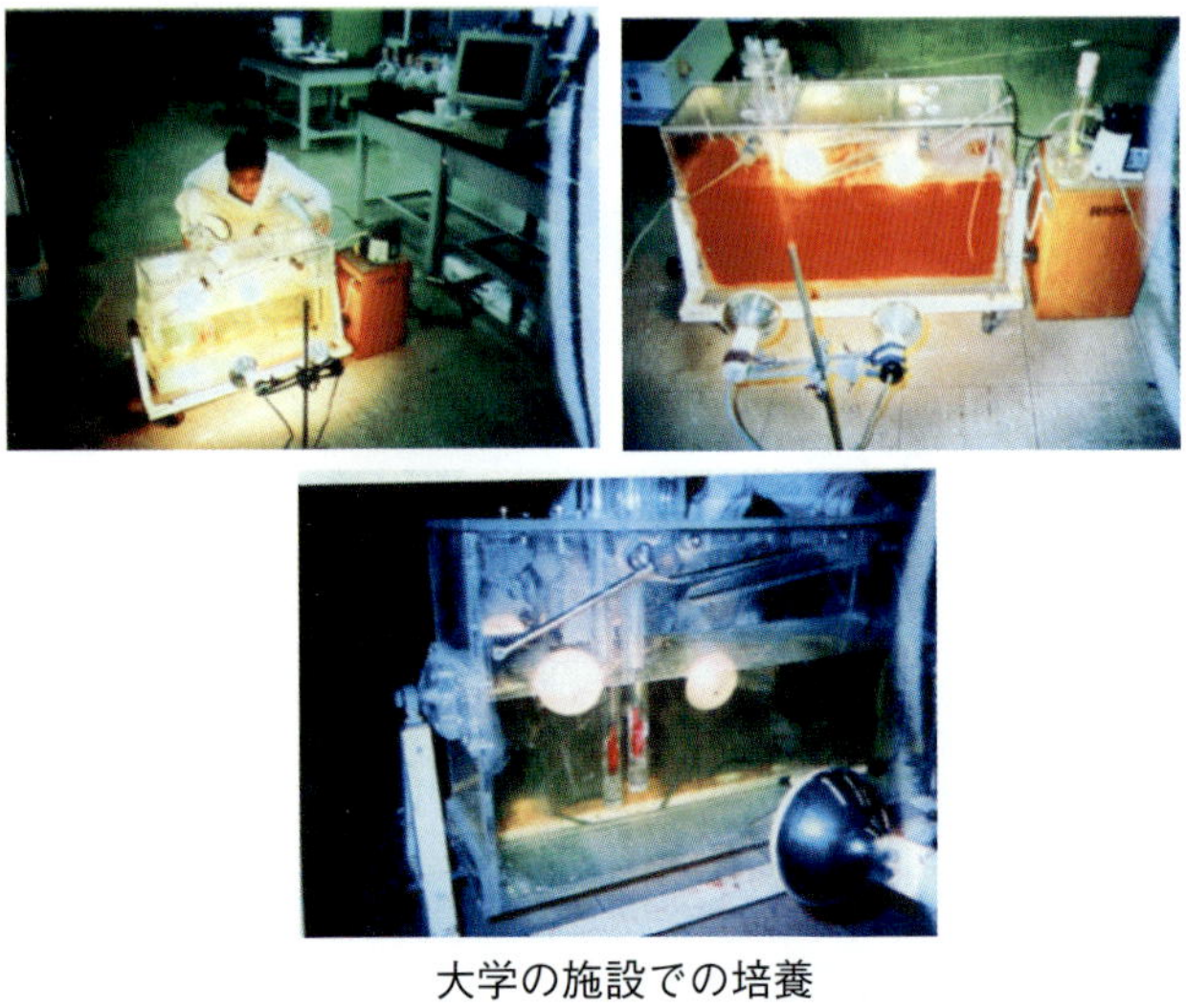

大学の施設での培養

はじめに

微生物の世界は目には見えにくいだけに、とかく「神秘性」がつきまとう。本書のテーマである光合成細菌は、「光合成」という作物生産を語るときには必ず登場してくる用語を冠していながら、農業分野ではこれまであまり大きな関心を呼んでこなかった。言葉は悪いが、まさに神秘的な面と、ある種の胡散臭さが見え隠れする世界だったように思う。

本書は、この光合成細菌の世界に大まじめに切り込んでみた。見えてきたものは、光合成細菌とは、水田や沼、排水など、有機物が豊富にある嫌気的な環境の中にはどこにでもいる微生物で、季節の変わり目、特に春や秋には大増殖して、その環境にある有機物や硫化水素をえさにして環境を浄化しているという、実にけなげな姿であった。本書にしばしば登場していただいた小林達治先生によると、「もし、湛水の土壌環境において光合成細菌の数が少ないと、硫化水素その他の有害物がその環境に蓄積し、そこに栽培された植物の根に被害が出るころになっても光合成細菌の大増殖が始まるまでに数週間の時差が生じ、その間に有害物質によって根の呼吸阻害、栄養代謝障害が引き起こされ、根は障害を受けることになる」という。

劣悪な環境の中にこそ、劣悪な環境を変えていく力を秘めた微生物が潜んでいるのだ。身の回りの自然の中にいくらでもいる光合成細菌だから、誰でもそこから菌を採取することができる。そして採取した菌を培養することができれば、お金もかからないし、惜しげもなく利用することができる。

本書は、神秘的に語られることが多かった光合成細菌の本当の姿、そして広く活用していくうえでの採取と培養技術について、月刊『現代農業』に登場していただいた各地の農家の知恵と技、そして、地味ではあるが地道に研究を続けてこられた先生方の成果を集大成した。最近では、放射能に汚染された環境の除染にも、光合成細菌が大きな可能性を秘めていることが明らかになってきている。巻末には、放射能除染への活用技術についての研究成果も収めている。

何より、本誌に登場してくださった皆さんの笑顔がいい。家畜の糞尿のニオイを減らしたり、堆肥づくりや家庭の生ゴミ処理に活用したり、アミノ酸たっぷりの肥料づくりに用いたりと、その活用法は実に幅が広い。そして、採取や培養の方法も個性的だ。光合成細菌の採取、培養、そして活用法は、「大人のまじめな遊び」的要素もある。不思議なことに、それが楽しみや喜びとなり、農産物の多収や高品質生産に結びつく可能性を秘めた光合成細菌の世界、どうぞお楽しみください。

（社）農山漁村文化協会

光合成細菌　とことん活用読本　目次

執筆者の肩書きは、原則として執筆時のままといたしました。

パート1　光合成細菌はおもしろい！

パート2　光合成細菌ってどんな菌？

パート3　各地に広がる光合成細菌活用の取り組み

レイアウト・組版　ニシ工芸株式会社

パート1 光合成細菌はおもしろい！

光合成細菌は不思議な魅力を秘めているようだ。身の回りから自分で元菌を採取し、それを自分で培養して使うことができる。それが大きな魅力の一つ。

低コストでしかも強力パワーを秘めた光合成細菌液づくりと、その活用のおもしろさに魅せられた人たちの取り組みをご堪能ください。

日照不足のときに威力を発揮
買うと高い菌液は自分で殖やすにかぎる！

三田春興さん・辻尾浩樹さん　長崎県西海市　編集部

三田春興さん。手に持っているのが自分で光合成細菌を殖やしたパワー菌液

特に大事な放線菌と光合成細菌

長崎県西海市の三《さん》田《た》春興《はるおき》さんは微生物をこよなく愛している。二〇aのハウスで野菜をつくる傍ら、発酵肥料づくりの研究に没頭。いつのまにかその肥料の販売もするようになった。「自分で殖やせる安い肥料」が評判でお客さんも急増。今では肥料販売のウエイトのほうが高くなってしまったほどだ。

そんな三田さんが、二〇年近く大事に培養を続けている菌が二つある。

一つが放線菌。米ヌカに放線菌をくっつけただけというシンプルな放線菌ボカシで、三田さんは「米ヌカ菌」と呼んでいる。畑に入れると病気にも強くなり、生育もよくなると評判だ。

そしてもう一つが光合成細菌。市販の製品はものすごく高いが、安く簡単に培養できる方法があるという。「本当は企業秘密」という三田さんだが、「長崎まで来れば培養の仕方を教えてあげないでもない」というので押しかけた。

さっそく菌を見せてもらうと、なんだか赤黒いドロドロした液体で、魚が腐ったようなちょっとキツイ臭いがする。この液をかん注したり葉面散布したりすると、ミカンやイチゴの糖度が増したり、着色がよくなったりする。とくに日照不足のときに力を発揮するらしい。キュウリでは真冬の肥大が悪い時期でもスムーズに生育し、バラでは葉の厚みが増して、シュートの上がりがよくなる——三田さんに培養の仕方を教わって、愛用している農家からの声だ。

葉がものすごく厚くて鈴成りのミニトマト。味も抜群。放線菌ボカシ主体の土つくりと光合成細菌の定期かん水（かん水の度に１ℓ流す）のおかげか、樹体糖度が上がり病気にもほとんどかからない（写真は全て赤松富仁撮影）

光合成細菌は買うと、とんでもなく高い

三田さんが光合成細菌に興味を持ったのは一八年前のこと。「すごい効果がある」と、地域のバラ農家に話を聞いたのがきっかけだ。

気になって、本や資料を読みあさって調べてみると、光合成細菌はその名の通り光合成をする菌で、三五億年前、地球にまだ酸素がなかった頃に生まれた原初の生物と考える人もいることがわかった。硫化水素など作物に害になるものをバクバク食べて、味や着果をよくするアミノ酸や核酸を次々につくり出し、植物のエネルギー物質であるATPも出す……。すごい力を秘めたものらしい。

三田さんは「どうしても、これはいるな」と思ったそうだ。

さっそく光合成細菌入りの製品を調べてみたが、ウワサに聞いていた通り、高価なものが多い。一〇ℓで四万円くらいするものもある。とてもじゃないが、気軽にジャンジャン使えるものではない。

だが、そこであきらめないのが三田さん、微生物なのだから、自分で殖やせるはず――と持ち前の研究心に火が付いた。

顕微鏡で覗くと、オタマジャクシみたいな菌

三田さんは菌を培養するとき、必ず顕微鏡で菌の姿を確認する。

「だって自分で見ないと、ほんとうにいるかわからないでしょう」

光合成細菌は、「長い尾っぽが付いていて、それをモーターみたいにグルグル回しながら泳ぐ。まあ、オタマジャクシみたいなもんですね」。

三田さんは光合成細菌入りの製品をいろいろ取り寄せて見比べてみた。すると、オタマジャクシのような菌がまったく見当たらないものもあるし、三〜四匹しかいないものも

あった。なかで菌が一番ウジャウジャいたのが「M・P・B」(福栄肥料)。見かけは黒い感じで、原料は「光合成細菌八〇%、海藻エキス二〇%混合」とある。菌が多かったのは、海藻エキスが光合成細菌のエサに入っていたからだろう。少なかった資材は薄いピンク色のものが多かったが、「エサが少なくて菌が死んでしまったのではないか」と三田さんは考えた。

三田さんのパワー菌液、マル秘のエサ

なるほど培養のカギはエサではなかろうか。三田さんは「M・P・B」を元菌にして、エサを入れてつくってみることにした。

試行錯誤の末、行き着いたエサは魚エキスと海藻粉末とブドウ糖。オタマジャクシのような菌がどんどん殖える。アミノ酸や核酸などたっぷりのパワー菌液培養のためのエサの組み合わせだ。

ただ、この三種のエサ、配合比にはちょっと注意が必要だ。多すぎたり、逆に少なすぎると増殖率が悪くなる場合がある。試験を重ねた結果、「菌が一番どんどん殖える」と三田さんがいうエサの配合が二〇ページ。

これらはどれも市販品だが、いまのところ安いので気に入っている。「べつにこのエサを使わなくても、金をかけずに魚のアラとか、小便とかを入れてもいい」らしいが、配合比などは自分で研究してくれ、とのこと。

五〇〇〇円あれば一〇〇ℓつくれる

三田さんは二〇ℓの液肥を入れる透明のポリ容器で培養しているが、それを元菌にして水を加えれば、さらに一〇〇ℓまで殖やせるという。最初に培養した菌液はエサを濃くしているので、拡大培養も可能というわけだ。

このやり方なら、一〇〇ℓつくるのに、五〇〇〇円足らず。市販品は高いものだと一〇ℓで四万円くらいする。

「高い微生物はボッタクリですね。自分で殖や

ブドウ糖を入れるとシャープに殖える

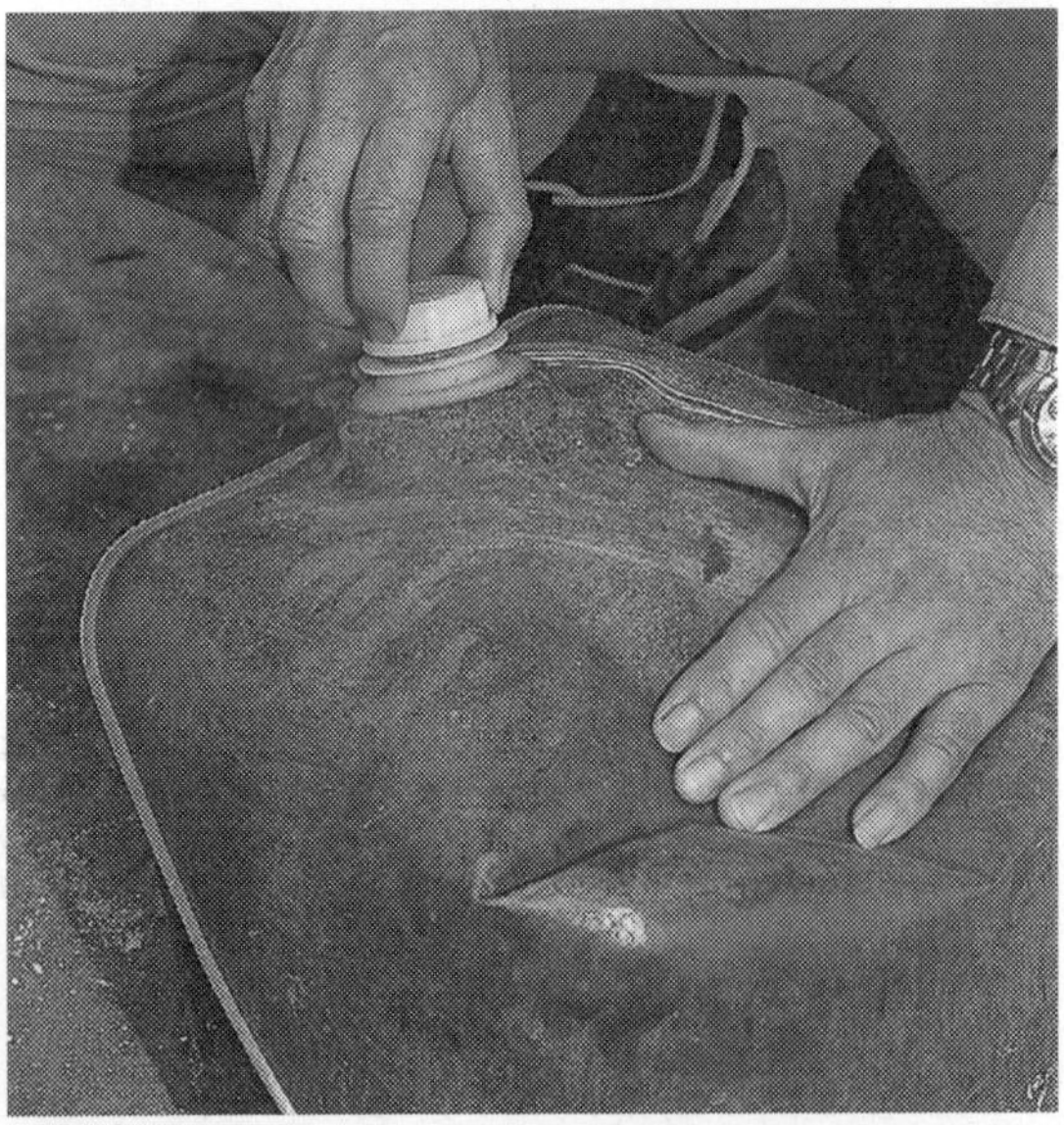

炭酸ガスを抜くために、フタは緩めておく

ちなみにエサにブドウ糖を入れることは、本当は「企業秘密」だったそうだ。入れなくても培養はできるが、ブドウ糖を入れると酵母が殖えて、プクプクと小さな泡（炭酸ガス）が出る。そのおかげなのか光合成細菌がよりシャープに殖えるような気がするそうだ。顕微鏡で見ても、たしかに多い。

ただ、光合成細菌は嫌気性菌なので容器を密閉して培養するのが普通だが、炭酸ガスが出ると容器が破裂する危険性がある。三田さんも一度失敗した。

「光合成細菌って臭いでしょう。あれが爆発すると、もう大変ですよ」

だから、ガス抜きのために容器のフタをちょっと緩めておいてやるのがコツだそうだ。

せば、ものすごく安くすむでしょう」

光合成細菌は放線菌を殖やす

光合成細菌はアミノ酸や核酸を生み出すだけでなく、死ぬと放線菌のエサにもなるという。三田さんは放線菌ボカシ主体の土づくりを基本にしているので、光合成細菌が殖えれば、放線菌はさらに殖えることになる。

同じ西海市で、五年ほど前から三田さんに肥料のアドバイスを受けてバラをつくる辻尾浩樹さんは、改植前に放線菌ボカシを反当六〇〇kgくらい入れている。そして、日照不足のときに（主に冬場）、自分で殖やした光合成細菌を一〇日に一回流す（四〇〇坪のハウスにかん水と一緒に五ℓほど）。

そのおかげか、下の写真のように葉は厚く、出てくる芽はものすごく太くて締まったものになる。採花した花は水揚げが抜群で日持ちもいい。なんと昨年は、長崎県バラ品評会で金・銀賞を独占してしまった。

また、驚いたことにバラでは不治の病といわれる土壌病害の根頭がんしゅ病が出なくなったのだそうだ。これは光合成細菌によって殖えた放線菌のおかげかもしれない。

現代農業二〇〇八年八月号　日照不足のときに威力を発揮　買うと高い菌液は自分で殖やすにかぎる！　根に悪い物質を極上アミノ酸肥料に変える、光合成細菌

辻尾浩樹さん。5年ほど前から放線菌ボカシや光合成細菌などの有用微生物を意識した土づくりにして化成肥料はいっさい使わない。仕立て方は疎植でバラ本来の力を引き出す「ソーラーローズシステム」

太くて細胞の締まったシュートが何本も立っている。特に曇天が続くと花が「モヤシ」のようになってしまうが、光合成細菌をかん注すると樹がシャキッとしてくる。葉の厚みが増し、花も一回り大きくなる

三田さんの光合成細菌入りパワー菌液の殖やし方

<用意するもの>

容器 20ℓの液肥を入れるタンク

元菌 光合成細菌資材（M.P.B［紅色非硫黄細菌］・福栄肥料）400cc

エサ
◦魚エキス（シィー・プロテイン・長崎油飼工業）2ℓ
◦海藻粉末（アルギンゴールド・アンデス貿易）100g
◦ブドウ糖 200g

水 40℃くらいのお湯 18ℓ

<培養の仕方> 〔Ⅰ〕入れる順番は①エサ②お湯③元菌。最初に元菌を入れるとエサが濃すぎて菌が死んでしまうので注意

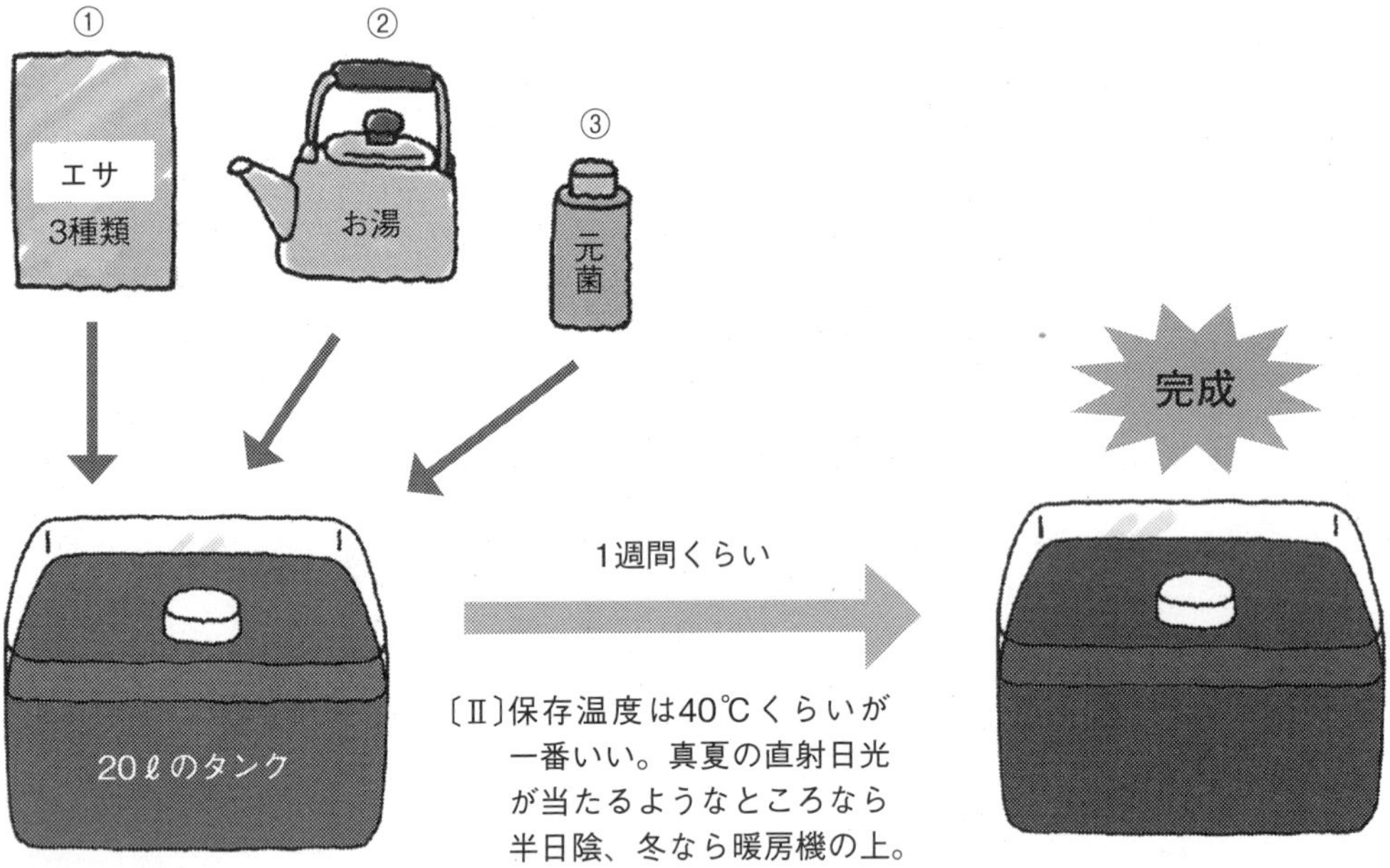

〔Ⅱ〕保存温度は40℃くらいが一番いい。真夏の直射日光が当たるようなところなら半日陰、冬なら暖房機の上。光が当たるところに置く

〔Ⅲ〕数日すると炭酸ガスが出てくるので、容器のフタを緩めてガス抜きをする

〔Ⅳ〕赤黒くなってきたら完成

※一次培養液はエサが濃いので、半年くらいは持つ

ブドウ糖
完成品
魚エキス
元菌
海藻粉末

<拡大培養の仕方>

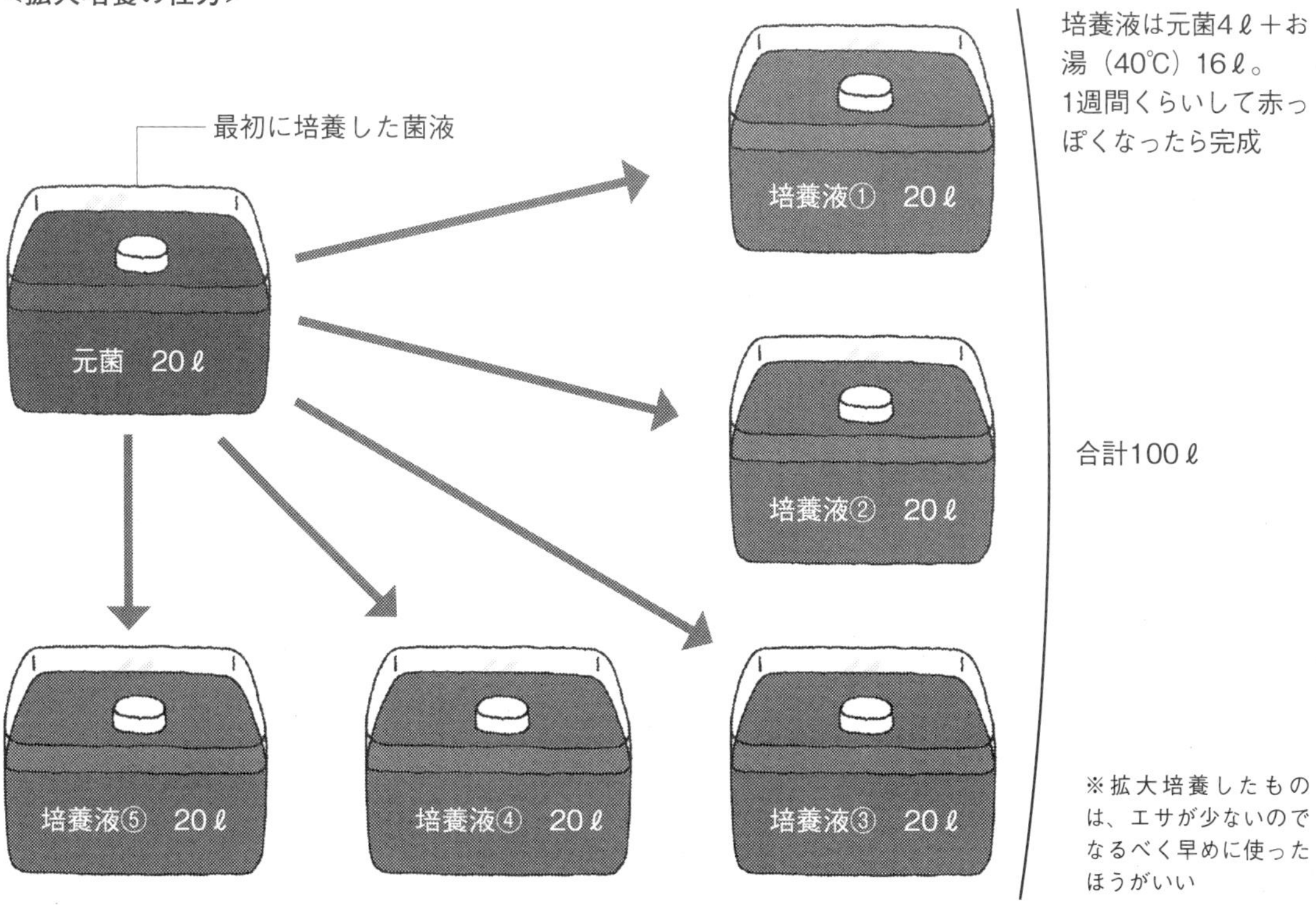
最初に培養した菌液
元菌　20ℓ
培養液①　20ℓ
培養液②　20ℓ
培養液③　20ℓ
培養液④　20ℓ
培養液⑤　20ℓ
培養液は元菌4ℓ＋お湯（40℃）16ℓ。1週間くらいして赤っぽくなったら完成
合計100ℓ
※拡大培養したものは、エサが少ないのでなるべく早めに使ったほうがいい

光合成細菌は根に効く味に効く
根に悪い物質を極上アミノ酸肥料に変える

田中信夫さん　愛知県　編集部

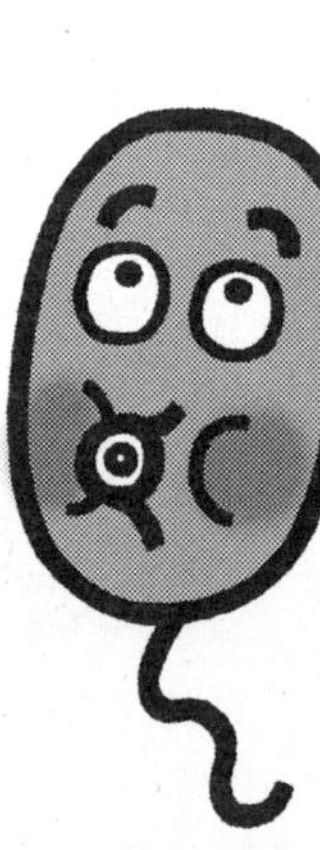

赤色が特徴。田中さんの光合成細菌培養液

　光合成細菌は大きく分けると三種類に分けられるそうだ。紅色硫黄細菌と紅色非硫黄細菌、それに緑色硫黄細菌。このうち市販資材によく使われているのが前の二種類。名前のとおり菌が増殖した液体は暗い赤色になる。

　愛知県の田中信夫さん（七二歳）は、この赤い光合成細菌を自分で殖やし、イネにトマトにゴボウに使う。

もとは田んぼの土着菌

　硫化水素などの有害物質からイネの根を守ると聞き、田中さんが光合成細菌を使うようになって一〇年くらいになる。「三河環境微生物さとう研究所」の佐藤義次さんから光合成細菌のエサとなる薬品を購入、自分で拡大培養してきた。

　元菌は二〇ℓ五〇〇〇円だが、最後に元菌を買ったのはいつだったか。自分で殖やした菌をタネにまた殖やしていけば、必要なのはエサになる薬品だけ。二〇ℓに殖やす経費は六〇〇円ですむ。これを田植え後・出穂四五日前・出穂三〇日前の三回、全部で一・五haつくるコシヒカリに、一〇a二〇ℓずつ水口から流し込んでいる。

　この菌の効果も手伝ってか、田中さん、米の味には自信がある。「じいじがつくった米を送ってくれ」と、東京や北海道や茨城で暮らす八人の孫たちからも好評だ。飯米と子どもや孫たちに送る分以外の米も、地元の消費者への直売ですべて売り切れてしまう。

　光合成細菌は、もとは田んぼの土着菌だというのがおもしろいところだ。実際、さとう研究所の光合成細菌は、田んぼの水から採ったタネ菌を培養してつくっている。土着の光

拡大培養中の光合成細菌
田中さんは、20ℓの軟らかいポリ容器に、元菌とエサとなる薬品を混ぜて入れ、ハウスの隅の明るいところに置いておく。冬でも2週間くらいでできる。右奥に見えるタンクで活性菌液をつくる

拡大培養の手順

○材料

元菌液6ℓ

エサとなる薬品：塩化アンモニウム20g、炭酸水素ナトリウム20g、酢酸ナトリウム（無水）20g、塩化ナトリウム20g、リン酸水素二カリウム4g、硫酸マグネシウム（7水和物）4g、プロピオン酸ナトリウム4g、DL-リンゴ酸5g、ペプトン4g、酵母エキス2g

○手順

①上の薬品を20ℓの水道水に溶かしたあと、元菌液6ℓを加える。
②できた溶液を、透明のペットボトルや半透明のポリ容器などにいっぱいまで入れ（空気を遮断）、フタをして日の当たる明るいところで約1週間培養。温度は30℃が適当。寒い時期はヒーターなどを使ったり湯煎で温める。
③元菌液と同じような赤褐色になれば完成。pHは最初より1程度上昇し、8～8.5のややアルカリ性になる。

※三河環境微生物さとう研究所ホームページ（http://www10.ocn.ne.jp/~tamagoya/satou_labo.htm#tsukuru）より。上記の薬品は20ℓ分20セットで1万2000円で販売。元菌（紅色非硫黄細菌が中心）は20ℓ 5000円（TEL0564-48-2466）

合成細菌は肥沃な田んぼほど多い。イネが幼穂形成・出穂と進むころに自然増殖して、前年の切りワラ・稲株などの有機物が土中で分解して出す硫化水素などの有害成分を無害化してくれているのだそうだ。

田中さんの経験でも、光合成細菌の効果は条件が悪いときほどよく現われる。たとえば、長年ヨシが生えていたような、有機物がたくさん堆積した休耕田を借りてイネをつくるようになった初年。いい堆肥代わりと喜んでいたら、田んぼがブクブクわいてなかなか分けつしない。そこに光合成細菌を流し込むと、秋にはそれなりのイネになった。

豊富な有機物と水のある環境で自然に殖える菌は嫌気性の微生物。還元状態に強い。そこで発生する有害成分を減らして根を守る。この菌を、田中さんはトマトやゴボウにも使い始めた。

トマトがおいしくなってコナジラミが消えた

「孫においしいトマトをくれたくて（食べさせたくて）始めた」という田中さん。一〇〇坪のハウスでトマトをつくるようになって八年になる。無暖房で年二作。一作目は二月上旬定植で六月上旬まで収穫。太陽熱

発酵中の活性菌液
200ℓのタンクに光合成細菌40ℓ、糖蜜40ℓ、カツオの煮汁40ℓと水を入れて混合。ときどきかき混ぜながら2～3カ月おくとでき上がり。梅雨時期など条件の悪いときに使いたいときはヤクルト（乳酸菌）も少し入れる

処理をはさんで、二作目は、七月末定植、十二月中旬まで収穫する。それを八年間、同じハウスで繰り返してきた。

　自家製のボカシを入れたりして工夫してきたけど、以前の糖度は五～六度どまり。いまひとつ味がのらなかった。かといって、水を切って玉を小さくした濃縮味のトマトはつくりたくない。大きなトマトで量もそこそこ、しかもおいしいトマトをとりたい。三年前からは、味をよくするため、それまでの接ぎ木苗を自根苗に替えたりもしている。

　なかなか満足のいかなかった田中さんのトマトが明らかに変わってきたのは昨年からだ。それはまず、虫に現われた。苗のかん水に光合成細菌を混ぜたところ、それまで苗のまわりを一～二匹フラフラしていたオンシツコナジラミがいなくなったのだ。定植してからもかん水に光合成細菌を混ぜ続けたところ、とうとう一作目を終えるまでずっと、オンシツコナジラミもマメハモグリバエも出なかった。それは七月定植の二作目でも同じ。それで結局、昨年は一度も農薬を使っていない。

　今年の一作目ももう一〇日ほどで切り上げるところだが、やっぱり害虫は出ていない。もともと低農薬を心がけていたこともあり、以前は作の終わりが近づく樹が茂るころになると、ときには口を開けられないほどオンシツコナジラミが舞っていたのだからウソみたいだ。

　もっと驚いたのはトマトの味だ。糖度を測ると八度前後。高いのは一〇度くらいある。かぶりつくと、甘味も酸味も強いジューシーなゼリーが口にあふれる、すぐもう一つ食べたくなるようなトマト。田中さんが孫に食べさせたかったトマトができていた。

　つい先日は、田んぼに入れるアイガモの放鳥式にやってきた子どもたちにも食べさせたが、トマトが嫌いだと言っていた子が「おいしい」を連発していた。

「樹ぶり」が変わった

「イネでもトマトでも樹が軟らかいと虫が寄る、軟弱にできたところに害虫がつくんだよね」

　そう話す田中さんの目には、トマトの「樹ぶり」も変わったように見える。一昨年までの、とくにコナジラミが大発生したときのトマトは、葉が薄くて大きくてでれっとしていた。しかし昨年からのトマトは、葉が厚くて

「星形に筋が浮き出ておいしそうなトマトだろ？」と田中さん。品種は優美

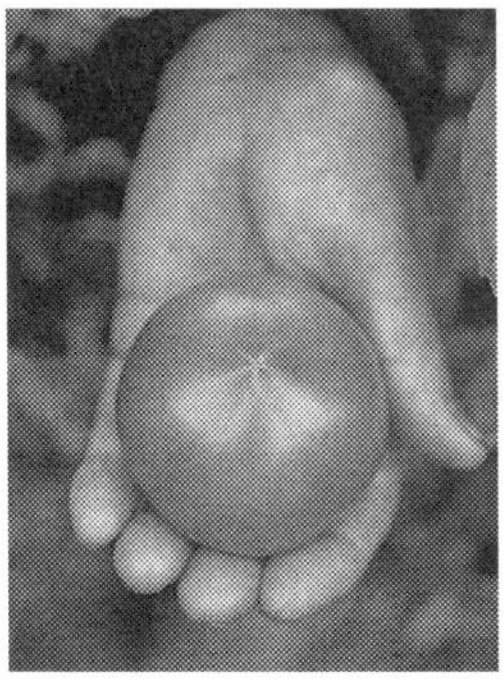

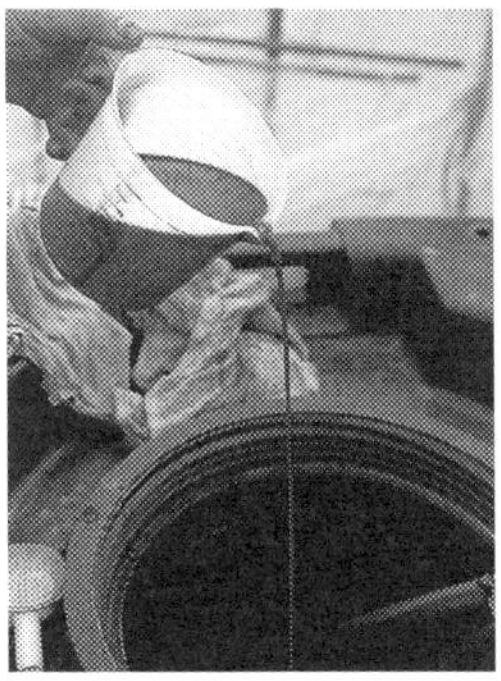

トマトのかん水に使うときは、500ℓの水に活性菌液を3ℓ溶かす。かん水3回に1回くらいの割合で施用

光合成細菌が入った活性菌液を使うようになってから葉の厚みが増した

小さくて照りがある。それに上のほうの五〜六段目まで、大きくてパンパンの弾けるような実がつくようになった。

「イネでも、光合成細菌を入れるようになってからは葉が垂れることがなくなった。微生物が調整してくれるのか、チッソが一気に効くことがない」と田中さん。

光合成細菌入り活性菌液

だけど、この微生物の働きというのはすべて光合成細菌のためなのか？　というのも、トマトの場合はイネと違って、かん水に混ぜるのは光合成細菌の単体ではないからだ。

田中さんが活性液とよぶ手づくりの菌液には、光合成細菌のほかに糖蜜とカツオの煮汁が入っている。これを二四ページ写真の説明のような分量で混ぜ、二〜三カ月ほど発酵熟成させてから使う。

光合成細菌は二〇ℓのポリ容器に密封しておけばいいが、活性菌液はブクブクと炭酸ガスなどが出るので、フタをきつくしては破裂する。糖蜜も入った液だから自然の酵母菌なども飛び込んで増殖しているのはまちがいない。色はカツオの煮汁が加わるので茶色、アルコールが混じったような甘いにおいがする。

トマトの施肥（100坪分）

元肥：自家製ボカシ（米ヌカなど）150kg、有機化成（8-8-8）20kg

追肥：鶏糞120kg（3段目が着果したときにウネ表面に）

太陽熱処理時：米ヌカ150kg、乳酸卵殻80kg、活性菌液20ℓ（500ℓの水に溶く）
そのほか、かん水3回に1回程度、活性菌液を3ℓ混ぜる

以前は、カツオの煮汁だけを、液肥代わりにトマトのかん水にときどき混ぜていた。すると煮汁を溶くタンクに魚くさいニオイがいつまでも残って困った。このニオイをなんとかしたくて光合成細菌を加え、発酵させるには糖蜜を……と考えた結果が活性菌液なのだ。光合成細菌も、単体では肥溜めのようなドブくさいような異臭がするのだが、〈魚くさい＋肥溜めくさい＝いいにおい〉となったのもおもしろい。

活性菌液は、太陽熱処理のときにも使っている。pH調整のための乳酸卵殻と米ヌカをふって耕したところに、活性菌液を水で薄め、ノズルをはずした噴口で散布。ハウス内の土全体をマルチして一カ月ほどおく。以前

は、ポリマルチを敷くだけだった。トマトの苗を自根に替えたのをきっかけに、微生物の働きをより積極的に生かそうと米ヌカと活性菌液を加えたのだ。

アミノ酸・核酸の効果と嫌気に強い菌の力?

光合成細菌がつくるアミノ酸のプロリンや核酸のウラシルなどは、果実の着色をよくしたり糖度を上げることがわかっているので、田中さんの米やトマトにもその効果が現われているとみてよいのだろう。

それにもう一つ、田中さんが期待しているのは、畑とはいえ有機物が多いと嫌気的になりやすい環境で、田んぼの土着菌たる光合成細菌が発揮する力だ。米ヌカをたくさん使う太陽熱処理で活性菌液を散布するのはそんなねらいもある。

ジューシーで甘味も酸味も強いトマトができた

サラダゴボウ、一〇a七〇万円

だから、トマトの太陽熱処理と同様、ゴボウ（サラダゴボウ）の播種前にも使う。冬作の緑肥としてつくるエンバクを打ち込んで大量の有機物が入ったところに、活性菌液をまくのだ。

面積はちょうど一〇aのゴボウ畑、ゴボウをつくり続けて五年目になる。土壌消毒なしの無農薬・連作にもかかわらず障害は出ていない。それどころかゴボウの肌は年々白さを増している。やっぱり光合成細菌は根によく効く。

食べるときは、水にさらす必要がないくらいえぐみもない。ゴボウの糖度が何を表わすのか不明だが、測ってみると二四度もあったとか。

ちなみに、九月に播種、一月収穫のこのサラダゴボウ、市場で一本五〇円の値がつく。一〇a一〇〇万円の目標で始めたが、実際七〇万円にはなっている。

有機物と作物のあいだに「いい微生物」が必要だ

「人間のお腹も土の中も同じ。有機栽培はますます大ハヤリだけど、有機物と作物のあいだには、いい微生物が必要だと思う。いい微生物がいないまま有機物ばかりあってはかえって害になる。田んぼや畑に善玉菌を殖やしてやることで、有機物がうまく分解する。それでできた成分が根をよくする。元気になった根はミネラルを吸い上げて作物がよくできる」と田中さん。

光合成細菌自体は有機物が分解されるときの主役ではないようだが、納豆菌などの好気性の有機物分解菌が殖えて、酸素が少なくなった米ヌカやエンバクの周囲では、光合成細菌も「いい微生物」として働いているということだろうか。

人間にも土にも乳酸菌や納豆菌は善玉菌として働くのだろう。それに加えて、田んぼや畑の有機物が多い環境には光合成細菌が必要

光合成細菌を生かすには田んぼの土のpHも高めに調整

田んぼに入れる光合成細菌は、勢いよくかん水しながら、20ℓ容器からそのまま落とす

田中さんの田んぼは、川のそばの砂まじりの土で透水性がよい。だからよほどたくさんの有機物を入れない限り、とくにガスがわいて困るようなことはない。イネの根の色も、一時はもっと赤いほうがいいのではないかと思ったほど白い。だが、光合成細菌を使うようになってからは、それがいっそう白くなった気がするそうだ。

白いだけではない。収穫に向けて登熟が進むころ、白い上根は海綿のようにビッシリ張る。太くて白い直根の先は針のように鋭い。尺角植えに近い疎植（除草はアイガモにまかせて無農薬栽培）にすることもあって、その地上部には、ヨシのような太い茎に大きな黄金色の穂が実る。収量も10a当たり9～9.7俵くらいとれている。

田んぼで光合成細菌の力を生かすためには、秋のイネ刈り後の土を調べてpHが6.5になるのを目標に、乳酸発酵させた卵殻や焼いたカキ殻などを冬から春までのあいだに入れて調整する。田んぼとしては一般に言われるより高めのpHだが、田中さんの田んぼの中では、pH5台の田んぼよりpH6.5の田のほうが穂数が多く収量も上がる。

ということか？　米ヌカなどに集まってくる自然の乳酸菌や納豆菌が殖えるのに、光合成細菌が役立っているということか？

米やトマトやゴボウの出来が、害虫や連作障害が出ない畑が、それを示唆しているようにも思える。もしかしたら光合成細菌は、ほかの有機物分解菌にとって居心地のよい環境をつくる橋渡し役のような働きもしているのかもしれない。

現代農業二〇〇八年八月号　田んぼで畑で、有機物が多いところで力を発揮　光合成細菌は根に効く味に効く　根に悪い物質を極上アミノ酸肥料に変える、光合成細菌

パワー菌液「光合成細菌」に夢中です

本多陽生　長崎県南島原市

筆者と自分で培養した光合成細菌液（写真はH以外は赤松富仁撮影）

私は長崎県でバラを栽培しています。光合成細菌は以前から興味を持っておりました。

菌のエサは安い調味料でもいける！

最初はある肥料会社から聞いた方法で、元菌を購入し、魚のアラをエサに培養を始めました。が、待てど暮らせどまったく殖える気配がありません。赤くならないのです。どうも菌がいなくなっているのではと思い、今度は三田春興さんの方式（二〇ページ参照）で、光合成細菌入り資材のM・P・B（福栄肥料→四五ページ）を元菌に培養を行なったところ、うまくいきました。

しかし強烈なニオイが苦手な私は、もう少しニオイが抑えられないものかと、本で調べた薬品（ペプトンなど）と調味料に使うカツオのエキスをエサにしてみようとしましたが、なにせ高価です。そこで三田さんのアドバイスを受け、だしの素（カツオだし）や酢、天然塩を入れて実験してみました。これならスーパーで入手できる材料です。

一・八ℓの液肥の容器に元菌（M・P・B）とそれらのエサを入れ、日当たりのよい場所に置き、毎日何回も変化がないかにらめっこの日々でした。空しくも容器の中身は赤くならずに黒くなっていき最後は真っ黒……。

ところが、それから二日後の朝、ゴロリところがった容器が突然真っ赤に完熟したトマトのような色になっているではありませんか！　黒い色は容器の中に何かがへばり付いた色で、それが剥がれ落ちて中の液が見えたら真っ赤だったというわけでした。最高にうれしくて、三田さんにもすぐに電話しました。ニオイもそれほど強烈ではありませんでした。

菌の密度は顕微鏡で確認

その後もさらにコストをかけずに菌がいち

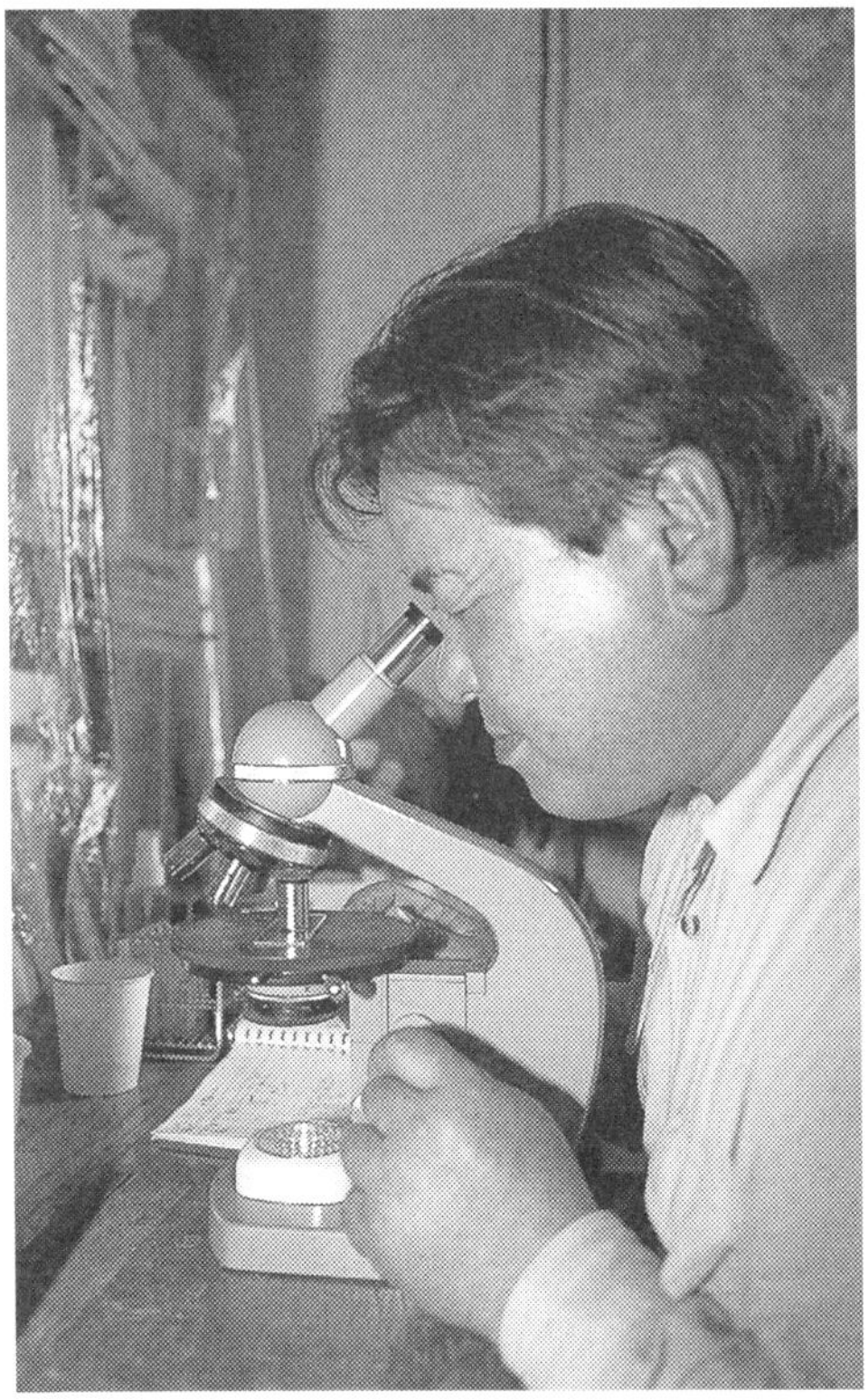
中古の顕微鏡を購入し、培養した菌を確認する

ばん殖えるエサはないかと、何通りもテストを行ない、日々顕微鏡とにらめっこしました。菌を見ていると時間を忘れてしまいます。エサの組み合わせやpHでいろいろと変化する菌の様子の、実におもしろいこと。

顕微鏡は培養のために昭和三十年代物の中古品を七〇〇〇円で購入しました。

光合成細菌の姿を観察するには二〇〇〇倍くらい必要ですが、培養の具合や他の菌も含めて観察するには八〇〇倍がちょうどよかったです。光合成細菌は他の菌に比べると小さいので姿がハッキリとは見えませんが、尾っぽのようなものがあり、シュッ、シュッとすばやく動くのでわかります。

光合成細菌はため池の泥からもとれる

培養に何がよいか懸命に探るなかでおもしろい発見だったのは、光合成細菌そのものの採取です。近くのため池の泥をひと握りとってきて、青草と一緒にバケツに入れ、水を

私の培養法 ※136ページもご覧ください

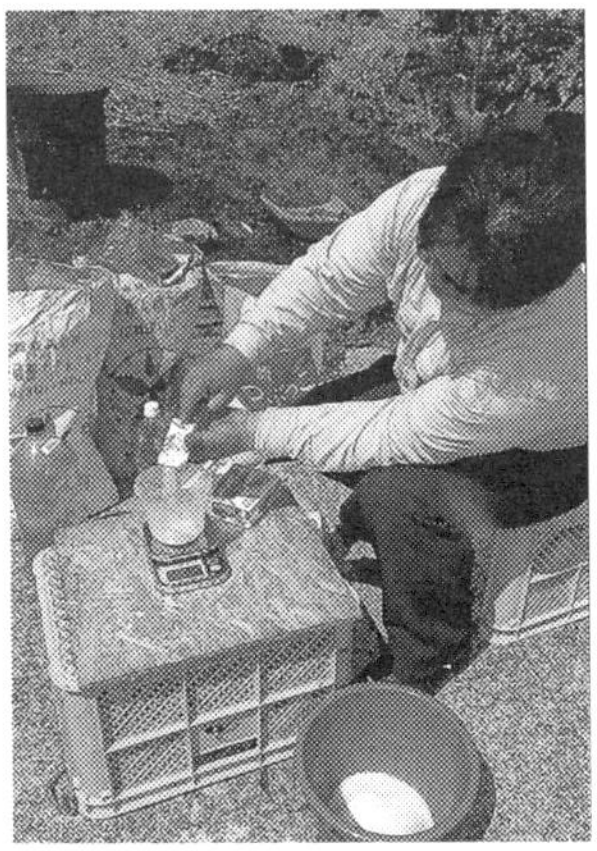
エサの分量を測り、バケツに入れて混ぜてから、容器に加える

右は光合成細菌のエサ、手持ちの肥料とスーパーで購入できるものだけ

基肥とエサを入れ終わった容器（左）。自分でつくった海藻の煮汁（右の鍋）はこれくらいの量を入れる

張って嫌気状態にしました。一週間くらいたった頃でしょうか、水がうっすらと赤茶けてきました。顕微鏡で見ると光合成細菌がいるのです。市販品のように密度は高くありませんが、こんなに身近に光合成細菌がいることがわかり、ああこれが原理原則だったんだと納得しました。

菌を殖やすエサ長持ちさせるエサ

試験を続けるなかで、次第に光合成細菌をよく培養できるエサと、長く維持できるエサとに区別した考え方になりました。

現段階で私が行き着いた光合成細菌をいちばん優先的に殖やすことができるエサは一三六ページにあるとおりです。コストも安くすみます。このエサをベースに、近くの海岸で拾ってきた海藻の煮汁を入れるとさらに密度が上がり、しかも早く培養できることがわかりました。海藻の種類は何でもよいようでワカメ、ギンバソウ、ミル、カジメなどを洗わずに大鍋で煮て、なるべく濃縮した液を使います。一回で大量にできるので、光の入らないタンクに空気を入れないように貯蔵しています。

次に菌を持続させるエサですが、三田さんの教えてくださったアルギンゴールド（海藻粉末・アンデス貿易）は長時間、菌の密度を保ちます。ほかにキトサンを入れると純度の高いまま菌を保てることがわかりました。キトサンは自分でつくった物（カニ殻から抽出した資材を乳酸で液体にする）を使っていますが、あまり濃く使うとpHが下がりすぎて光合成細菌の活動が弱まるので、かなり薄く使っています。

無肥料でもバラができた

光合成細菌はバラのロックウールと土耕で使用しました。小林達治先生の記事（四二ページ参照）に「光合成細菌は枯草菌や納豆菌と共生するとチッソ固定力が高まる」と書いてあったので、納豆菌（ダイズの煮汁に納豆の粒を入れた液）も流しました。一〇a当たり、それぞれ五ℓずつかん水と一緒に入れました。

じつは肥料代の高騰で、このままでは十分に肥料が使えないという状況もあったわけですが、思い切って無肥料でできないかと、八月末から十二月末まで光合成細菌と納豆菌以外は何もやりませんでした。

ロックウールでは無肥料だと一〇日もすればおかしくなってきますが、少し丈が短くなる程度でした。私のところの原水はpH七・四で品種によってはすぐクロロシスが出ますが、それも出ませんでした。市場では花色がきれいだと評価されました。

ダニがまったく出なかった

土耕では今まででいちばんよく生育し、見事なバラができました。しかも驚いたことにダニがまったく出ませんでした。スリップスもちょろっといた程度。念のため使用した農薬はロックウールと土耕の計一〇〇〇坪でカスケード二五〇cc一本のみ。もうびっくりでした。

ただ十二月末、低温のため同化しきれないチッソがたまったのか、無加温のハウスの花の芯にスリップスが、空気が流れにくいところにベト病が出ました。加温して空気が流れているところはまったく問題ありませんでしたので、微生物とはいえ積極的に菌を流している圃場においては、それに合った加温管理も必要のようです。

レタスは収穫が一〇日早く、マメは収量が二倍に

私のつくった光合成細菌に納豆菌をまぜた菌液で友人がマメとレタスをつくりました。

肥料を入れずに光合成細菌と納豆菌（ダイズの煮汁）だけで育った見事なバラ

一〇a当たり発酵鶏糞四〇〇kg、苦土石灰約一〇〇kgを施用し、菌液をときどき三ℓかん水。すると、いままでいちばん品質がよくなり、レタスは収穫が一〇日早く、しかも畑全部出荷でき、マメは同時期の二倍の収量がとれたというのです。

来てくれというので見に行くと、その友人夫婦の興奮したようすと自信と作物の美しさに、光合成細菌の共生液はすごいと改めて思いました。無農薬でやっているその友人の奥さんは誠実で言葉少ない方ですが「今まででいちばんよくできたのよ」と言ってくれました。

共生菌は酵母や放線菌もたっぷり

この菌液は光合成細菌と納豆菌を中心に、光合成細菌の死骸を食べて殖える酵母や放線菌などいろいろ入っていると思います。それらが作物の生育をよくしていると思います。

今回のことからいろいろな菌が共生している世界のすばらしさをしみじみ感じました。小林先生の長年にわたる研究のおかげで、それを学んだ私は短時間にこれらのことを体験させていただくことができました。本当に感謝です。菌の世界をよく知り、すべてがお互いに生かされ共存している関係を大切にすることが、これからの農業の行方だと確信しました。まだわからないこともあります。とくにロックウールでの使い方は課題も多いわけですが、今後も研究を続けていきたいと思っています。毎日がワクワクしています。

最近、光合成細菌を主体にした菌液をつくるのに便利な物を発見しました。「バイオ25」という堆肥資材ですが、鶏糞と多くのミネラル炭をベースに光合成細菌、枯草菌を入れてよく発酵させてつくったものだと聞きました。これを三〇ℓのおけに五kgほど入れ、できれば海藻の煮汁などを入れると密度の高い菌液ができます。

混ぜたあと鶏糞のニオイがなくなるのを確認したら、一〇a当たり一～三ℓ、かん水と一緒に入れます。一袋一五kg一八〇〇円（送料別）と安く、その効果もすぐれものだと思いました。面倒なことが苦手な方や、忙しい方にはおすすめです。

現代農業二〇〇九年八月号　パワー菌液「光合成細菌」の培養に夢中！

いまどき、米づくりがおもしろくなってしまった人達

「日本一まずい米地帯」といわれた山梨の米が、食味コンクールで金賞！

みずほ米生産倶楽部　山梨県富士吉田市　編集部

山梨県富士吉田市は富士山に抱かれた山の町

「金賞は山梨県のミルキークイーンです。栽培は小俣忠雄さん！」

平成12年食味分析鑑定コンクールのミルキークイーン部門で金賞を受賞した小俣忠雄さん。去年から黒米の朝紫もつくり始めた

「おれの米が金賞?!」みずほ米生産倶楽部の小俣さんは、思わず耳を疑った。マイクの声が続く。「続いて審査員特別賞も、同じく山梨県の武藤傳太郎さんの米です」。隣にいた副会長の武藤さんが息をのむのがわかった。

平成十二年十一月の第二回全国米食味分析鑑定コンクール。全国から出品された七〇〇検体の中、食味計による一次審査を通っただけでもたいしたものだと、二人で言いあっていた。最終の官能審査会場に来てみたら、まわりは上越や東北の有名産地の人ばかり。じつは肩身が狭いような気分だったのだ。

武藤さんはこの日のことを振り返る。「僕らを含め、誰も山梨の米が受賞するなんて思っていなかったですよ。会場には大勢の米屋がいたんですが、会場全体がどよめいたようでした」

有機無農薬の良食味米づくりを目指し、ミルキークイーンをつくり始めて一年。その成果が早くも評価された瞬間だった。

日本一まずい米地帯だと思い込んでいたのに

もともと、この辺りは標高約八〇〇mの高冷地で、農業には向かない地域だといわれてきた。米農家といっても三～四反の兼業農家がほとんど。冷害も多い。これまでつくられてきた「フクヒカリ」や「ハナエチゼン」は、なんとなく地味で、東京のデパートにも「山梨と静岡の米だけは置かない」といわれるような存在だった。その山梨の米が食味で日本一になったのだ。このニュースに地元は沸き立った。以来、加工業者や市長、駅前のイトーヨーカドーの店長まで巻き込んで、ミルキークイーンのケーキやアイス、黒米のビールやワインを地元の特産品として売り出していく動きが生まれている。

何よりうれしいのは、受賞後に倶楽部主催で新形質米の勉強会を実施したら、有料にもかかわらず一一〇人もの農家が集まったことだ。富士吉田の農家がこんなに米に関心を持つなんて前代未聞のこと。「地域の農家に、農業に対して明るい思いを持ってほしいというのが、私の永年の願いだったんです」という武藤さんの声が熱くなる。

左から土屋会長夫人の辰江さん、お孫さん2人を挟んで会長の土屋義行さん、副会長の武藤傳太郎さん、奥さんの廣子さん

夜温が下がる富士吉田にはミルキークイーンがぴったり

ミルキークイーンを見つけてきたのは会長の土屋義行さん（七七歳）だ。家業の撚糸業を息子に譲ってから、本気で美味い米をつくりたいと、一時期休んでいた『現代農業』や『食糧ジャーナル』の購読を再開した。耐冷性が強くて、味がいいというミルキークイーンに出会ったのは三年前のことだ。その瞬間、富士吉田市に最適の品種はこれだと思った。関東など夜温が高い所では白濁してモチ臭くなり、品質が落ちるといわれているが、富士吉田市は寒暖差が大きく、夜間はぐっと冷え込む。栽培にしろ貯蔵にしろ高品質が保てる条件が揃っているのだ。

結局ミルキークイーンの種モミが手に入ったのは平成十二年だった。この機会にぜひ地域全体で美味い米づくりに挑戦してみようと広く呼びかけ、それに応えた二五～七七歳、富士山麓の三市村（都留《つる》市、富士吉田市、忍《おし》野《の》村）にまたがる二五人で「富士みずほ米生産倶楽部」を結成した。

メンバー全員、ケットの食味が七九以上、タンパク含量五・五以下

初年度の収穫が終わり、せっかく美味い米づくりを追求すると目標を立てたのだからと、県の食糧事務所に食味検査を依頼してみた。すると、メンバーのミルキークイーンは、一番数字が厳しく出ると言われるケットの食味計で、全員食味七九以上、タンパク含量でもほぼ全員が五・五以下になったのだ

表1　富士みずほ米生産倶楽部メンバーの食味診断結果（平成12年度）

生産者	標高	品種名	食味(ケット)	タンパク	アミロース	
小俣忠雄	420m	コシヒカリ	80	5.2	18.3	
土屋義行	800m	スノーパール	77	5.7	17.6	
土屋義行	800m	ミルキークイーン	82	5.1	16.2	
武藤傳太郎	750m	ミルキークイーン	80	5.4	15.6	審査員特別賞受賞
小俣忠雄	420m	ミルキークイーン	84	4.8	15.9	金賞受賞
A	950m	ミルキークイーン	79	5.4	15.2	
B	800m	ミルキークイーン	82	5.1	16.1	
C	450m	ミルキークイーン	83	4.7	15.2	
D	450m	ミルキークイーン	81	5.3	16.8	
E	850m	ミルキークイーン	79	5.5	15.5	
F	950m	ミルキークイーン	70	6.9	20.0	

※Fがメンバーでない人の米

（表1）。同じ地域で、メンバーでない人のミルキークイーンは食味七〇、タンパク六・九だったから、メンバーの米だけ桁違いで良食味なのだ。こんなことがあるのだろうか?!

驚いた勢いで、食味分析鑑定コンクールに四点を出品したら、一点も入賞してしまった。

これには残りのメンバーもたまげた。日本一まずい米地帯だといわれつづけてきたのに、食味日本一だと認められたのだ。それに数字だけを見たら受賞した二人も他のメンバーもたいして変わりはない。「来年は自分の米が日本一になるかもしれない！」

マルイ有機＋光合成細菌で有機栽培を目指す

みずほ米生産倶楽部は、安全で美味い米をつくることを目標に発足したが、厳しい縛りはない。無農薬無化学肥料には、できる範囲で各自が取り組むことにしている。

共通栽培技術として決めているのはマルイ有機と光合成細菌を使うことだ。

表2 「マルイ有機」の成分

チッソ	3.7%
リン酸	4.0%
カリ	3.1%
Ca	4.1%
Mg	0.7%
亜鉛	400mg ／ kg
水分	16.1%
C ／ N比	6.0
pH	8.2

▼マルイ有機

薬物をまったく使用しないでそだてた鶏の糞を、特殊な活性水で発酵熟成させた肥料。鹿児島のマルイ有機（株）から購入している。海のミネラルの混ざった餌をたくさん食べており、しかも鶏の腸は短いからその栄養が残った肥料になっていると考えて選んだ。一袋二〇kg入りで九〇〇円なので、化成肥料の一三〇〇～一五〇〇円と比較しても安い。四～五月に元肥として反当たり五～一〇袋入れるのを基本としている。（表2は当時の成分）

▼光合成細菌

光合成細菌は愛知県・三河環境微生物という研究所の佐藤義次先生に分けていただいたものを、マルイ有機をエサにして増殖させている。イネが有機物の栄養を吸収するのを助けるのが目的だ。自分で色の変化が見られるので、増殖させやすく、素人にも取り組みやすい。五月中旬の田植え後に苗の活着をよくするために一度、七月中旬の幼穂形成期に味をよくするために一度、八月中旬の出穂期に体を丈夫にするために一度、各一〇ℓ、計三〇ℓ入れるのが基本だ。

　残りの栽培法は、栽培の節目ごとの作見会や勉強会で各自が検討して決める。追肥に化成肥料を入れる人もいれば、尿素を使う人もいる。EM菌や萬田酵素を使う人もいてさまざまだ。

元肥一発と疎植で、黄金色の完全有機米

～武藤さんのイネづくり～

　マルイ有機と光合成細菌を選んだのは武藤さんだ。有機で美味い米をつくり、それが評判になれば販路が確保できる。少量でも高く売れるモデルをつくることが、地元富士吉田の小規模兼業農家への希望の光になる。そこで「簡単で」「安くて」、地域の一般的な兼業農家が、「気軽に真似できる」資材を探し求めて、たどりついたのがマルイ有機と光合成細菌だった。

7月上旬の武藤さんのイネ。分けつは20～25本。中干しは軽くひび割れた程度にし、カラカラになるまでキツくはしない

　武藤さんがイメージしているイネは次のようなものだ。
・根張りがよい。
・節間がつまっていて、丈が短い。
・分けつが二〇～二五本くらい。
・未熟米がない。
・食味が高くタンパクが低い（タンパクが多いと苦味が出る）。
・秋に、濃い黄金色になる。
　こういうイネをつくるため、武藤さんは、田植えは疎植で坪五〇株植えにする。施肥はマルイ有機八袋（チッソ約六kg）のみの元肥一発。化成肥料は入れると倒伏しやすく、土が痩せると思うから使わない。

　光合成細菌は、昨年は一〇ℓずつ六回施用した。代かき前の入水時、田植え直後の六月中旬、分けつ期の六月下旬、幼穂形成期の七月中旬、出穂・開花期の八月上旬と中旬に各一回ずつ。ポリタンク（ホームセンターで一五〇〇円くらい）で点滴施用する人もいるが、武藤さんは一気に流し込むだけだから、手間はかからない。そのほか、モミガラを三年に一度、秋に施用する。土に酸素を供給し、ガス湧きを抑える効果がある。イナワラは毎年そのまますき込むと、イネの体が頑丈になる。

　こうしてつくると、秋には濃い黄金色のイネになる。昨年は田植えが遅れたせいで刈取りが十月末になってしまった。その間に台風が来て納屋のシャッターを壊していったりもしたけれど、イネだけは最後まで黄金色にピンと立っていた。収量は毎年四五〇kgを狙ってつくると、五〇〇kgくらいがコンスタントにとれている。

食味分析鑑定コンクールに二年連続の入賞

　みずほ米生産倶楽部は今年で結成三年目を迎える。昨年の第三回食味分析鑑定コンクールには、みずほ米生産倶楽部から十一点を出品したところ、小俣さんのコシヒカリと武藤さんのミルキークイーンが、またもや入賞してしまった。

　「今回は部門別じゃなくて、有名産地の競争相手が大勢いる総合部門で審査員特別賞だったんですよ」と喜ぶ小俣さん。「小俣さんは、去年から光合成細菌を使い始めたんですよね。このことを教えなかったらうちのほ

うがよかったかもしれないのに！」と、笑いながら口を挟む武藤さんの米も、ついに昨年、新形質米部門で念願の金賞を受賞した。二年連続で受賞した地域はほかに上越で一カ所あっただけだというから、いよいよみずほ米生産倶楽部の実力が証明されたわけだ。

おいしい米がつくれる楽しみ・高く売れる楽しみ

他のメンバーの顔もだんだん変わってきた。初年度は有機一発ではどうしても六月下旬までの葉色が黄色っぽくて、不安で、お互いに電話をかけて、大丈夫だろうかと確認しあったものだ。だが、メンバーの中でも特に厳格な有機栽培にこだわっている武藤さんや小俣さんが連続入賞し、しかも収量も五〇〇kg程度と安定していることで、有機元肥一発の施肥に自信が出てきた。

客観的においしさがわかることで、自給農家も目標を設定できるようになった。販売農家はケットで食味八〇以上なら、「みずほ米」として一kg六〇〇円で売っていいと決めた。自分で売りきれない分は武藤さんに委託して、一俵二万円で買い取ってもらうこともできる。

「逆に食味が悪い米をみずほ米として売ってはならないと決めてます。魚沼の産地だって最初は小さいグループが高い品質の米を出しつづけたことから生まれたんだと思うんです。うちもそれに追いつけ追い越せの気持ちで、高品質を維持したい」（武藤さん）。

今年も富士山麓に吹く風は熱くなりそうだ。

現代農業二〇〇二年一月号　いまどき、米つくりがおもしろくなってしまった人達「日本一まずい米地帯」といわれた山梨の米が、食味コンクールで金賞！

「もう、絶対に化成肥料を元肥に使う気はないです。だって、米の味が全然違う」

土屋義行さん

みずほ米生産倶楽部会長の土屋さんも、以前は元肥に化成（一四—一四—一四）を一〇〇kg入れていたのだけれど、ここ二年、マルイ有機の元肥一〇袋に化成（八—八—八）を三〇kg追肥するように切り替えた。確かに、六月下旬の地温が上がるころまでのイネは見るからに寂しくて不安に思うけれど、一昨年マルイ有機のほかに、化成を入れた対照区をつくって比べたら、有機のほうが食味計で五も上だったのだ。食味が上がったのは品種のせいだけじゃないのだと、はっきりした。光合成細菌は四回入れる。田植え後二〇日たったころ、そのさらに一〇日後、幼穂形成期に二回。二〇ℓずつ、合計八〇ℓだ。光合成細菌は硫化水素の発生を防ぎ毛根を守るという。主に主根は水分、毛根は栄養分を吸収するのだから、毛根を守れば食味が上がると思う。除草剤は二、三回撒いていたのをオモダカ対策の一回だけに減らした。そのほかの雑草が生えてきたけれど、特に問題にならない程度だった。

こうしてつくった初年度のミルキークイーンの食味はケットで八二、タンパクは五・二になった。小俣さんとほとんど変わらない数字だ。あと一息で日本一。そう思うと、翌年はますます米づくりに力が入る。二年目の昨年は萬田酵素とフラボノイド農法の両方に挑戦してみた。フラボノイドとは植物の持つ病菌に対する自己防衛物質だそうで、植物の新葉の生長部に多く含まれる。そこで、土屋さんは武藤さんの家で余ったイネの苗をもらい、先端を切って糖蜜に漬け、これを一〇〇〇倍に薄めて葉面散布した。「どうやらイネは甘いものが好きみたいだな」と思い、来年はステビア農法にも挑戦しようと、ステビアの苗を植えつけている。

「これまでは誰もが自分の米が一番おいしいと自画自賛していただけで、他人とも、前年の自分の米とも比較はできなかったんです。でも、食味計で計ってもらうと、その年の米がうまいのかどうか客観的にわかる。だから、もっといいものをつくりたいと思うんです」

こんなにイネづくりに夢中になっているのは戦後の食糧難のとき以来のことだ。

「この辺りは寒いから、戦後の食糧難は厳しかった。月に二回は新潟や茨城までヤミ米の買い出しに行ったもんです。帰りの電車の中で警察官に見つかって没収されたこともありました。そんな時代だったから農業には一生懸命でしたねぇ」

来年は、耐冷性が高く、食味がよく、倒伏しにくいという東北一七二号（「たきたて」）をぜひつくってみたいと、今からこっそり計画している。

（編集部）

パート2

光合成細菌ってどんな菌？

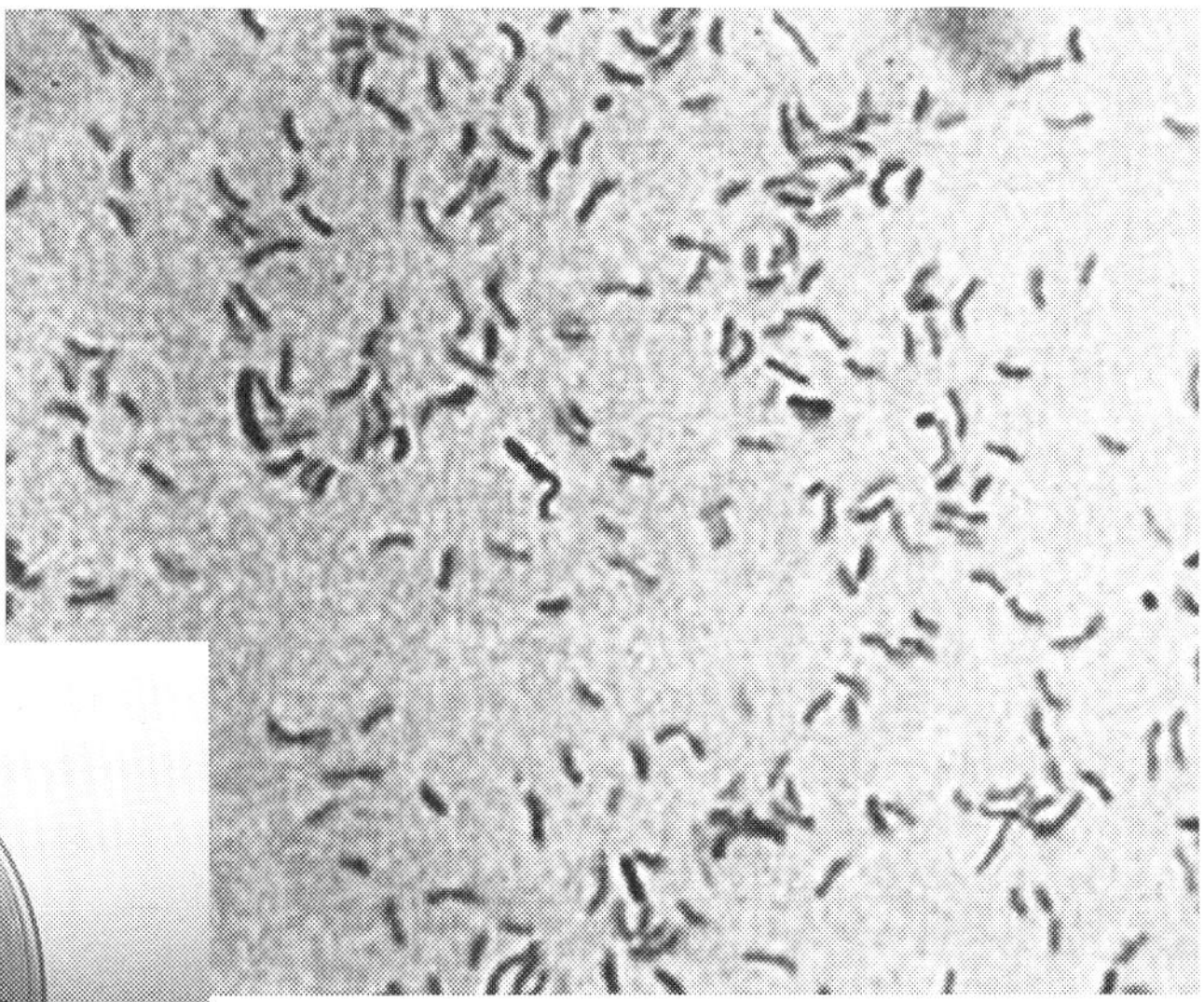

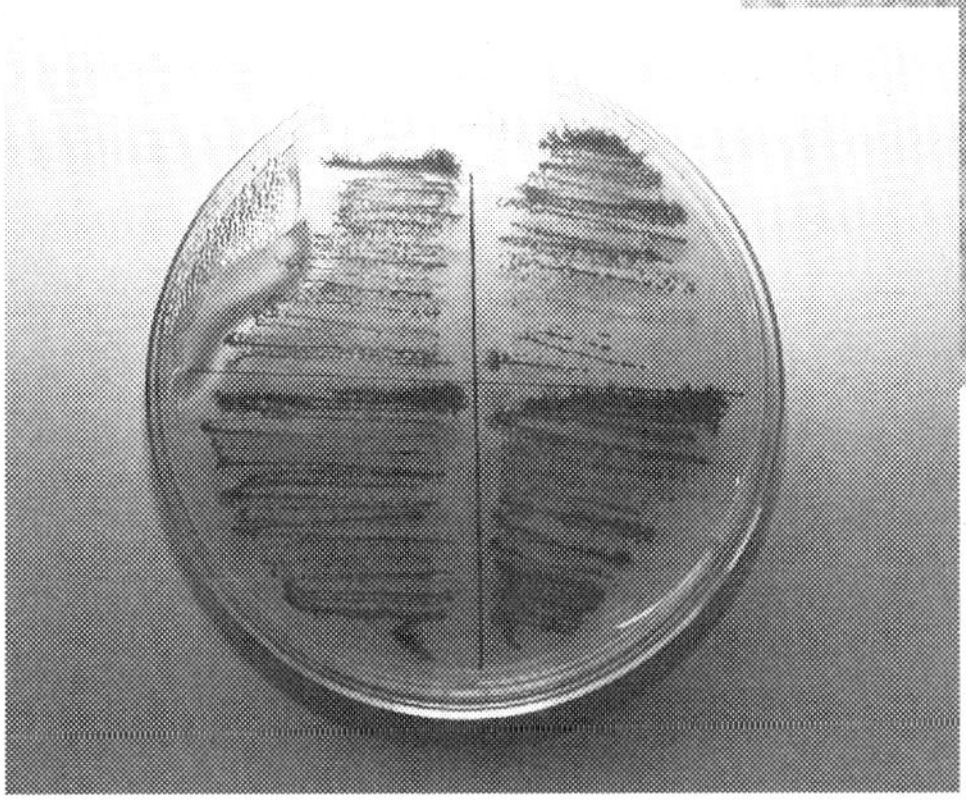

上：光合成細菌（紅色非硫黄細菌）
左：堆肥から採取した菌の培養
（写真提供　佐藤義次氏）

光合成細菌は、田んぼや沼やドブなど、水がたまっていて、有機物がたまっている場所、一見すると不潔に見える場所にはどこにでもいる微生物です。それでいて、いやな臭いをまき散らす硫化水素などをえさにして暮らしています。

だから、どこでも誰でも捕まえることができます。

パート2では、光合成細菌の素顔を紹介し、その働きを徹底的に追究してみました。

光合成細菌ってどんな菌？

編集部

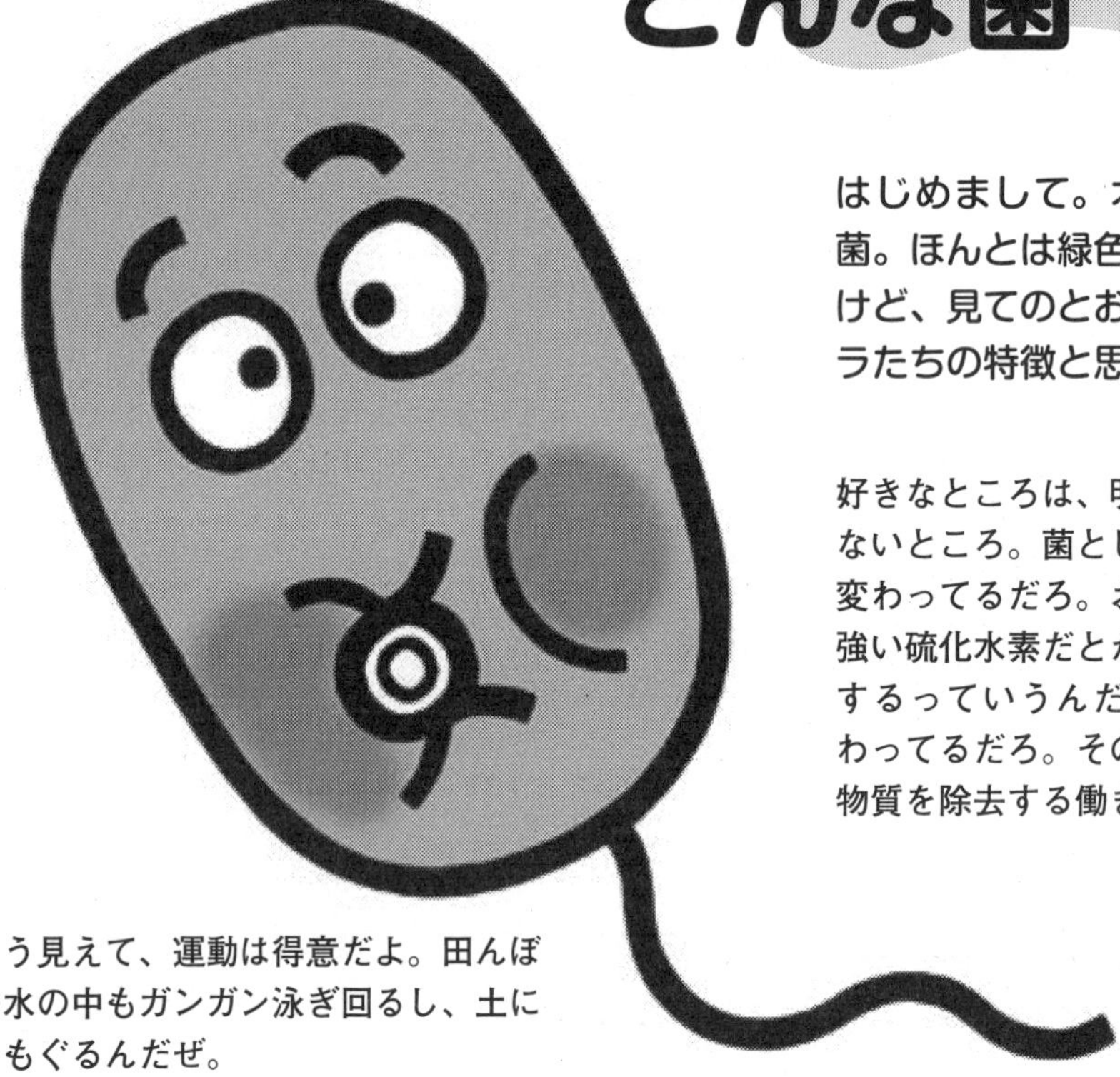

はじめまして。オイラは光合成細菌。ほんとは緑色の仲間もいるんだけど、見てのとおり、赤いのがオイラたちの特徴と思って。

好きなところは、明るくて、酸素がないところ。菌としちゃ、ちょっと変わってるだろ。おまけに、悪臭の強い硫化水素だとか有機酸をエサにするっていうんだからますます変わってるだろ。その悪臭とか有害な物質を除去する働きをしてるんだ。

こう見えて、運動は得意だよ。田んぼの水の中もガンガン泳ぎ回るし、土にももぐるんだぜ。

とくにドブくさいところには、
ドブ掃除のために必ずオイラがいるよ。

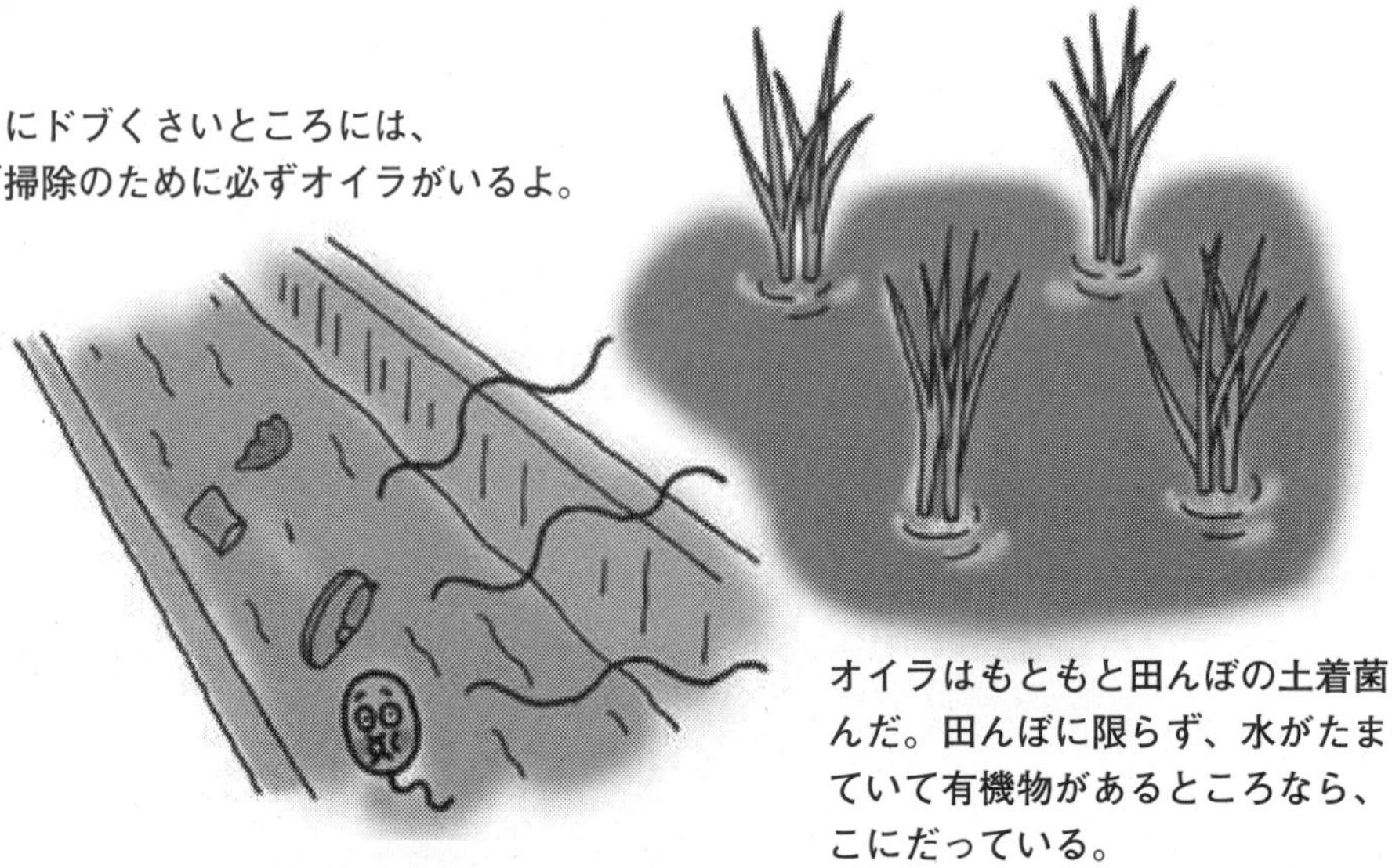

オイラはもともと田んぼの土着菌なんだ。田んぼに限らず、水がたまっていて有機物があるところなら、どこにだっている。

光合成細菌入りパワー菌液

赤い色素で着色もよくする。

名前のとおり光合成をするよ。光のエネルギーを使って、硫化水素や有機酸などをエサにオイラが体にため込んだアミノ酸は極上肥料。作物の味をよくしたり　収量が上がる。

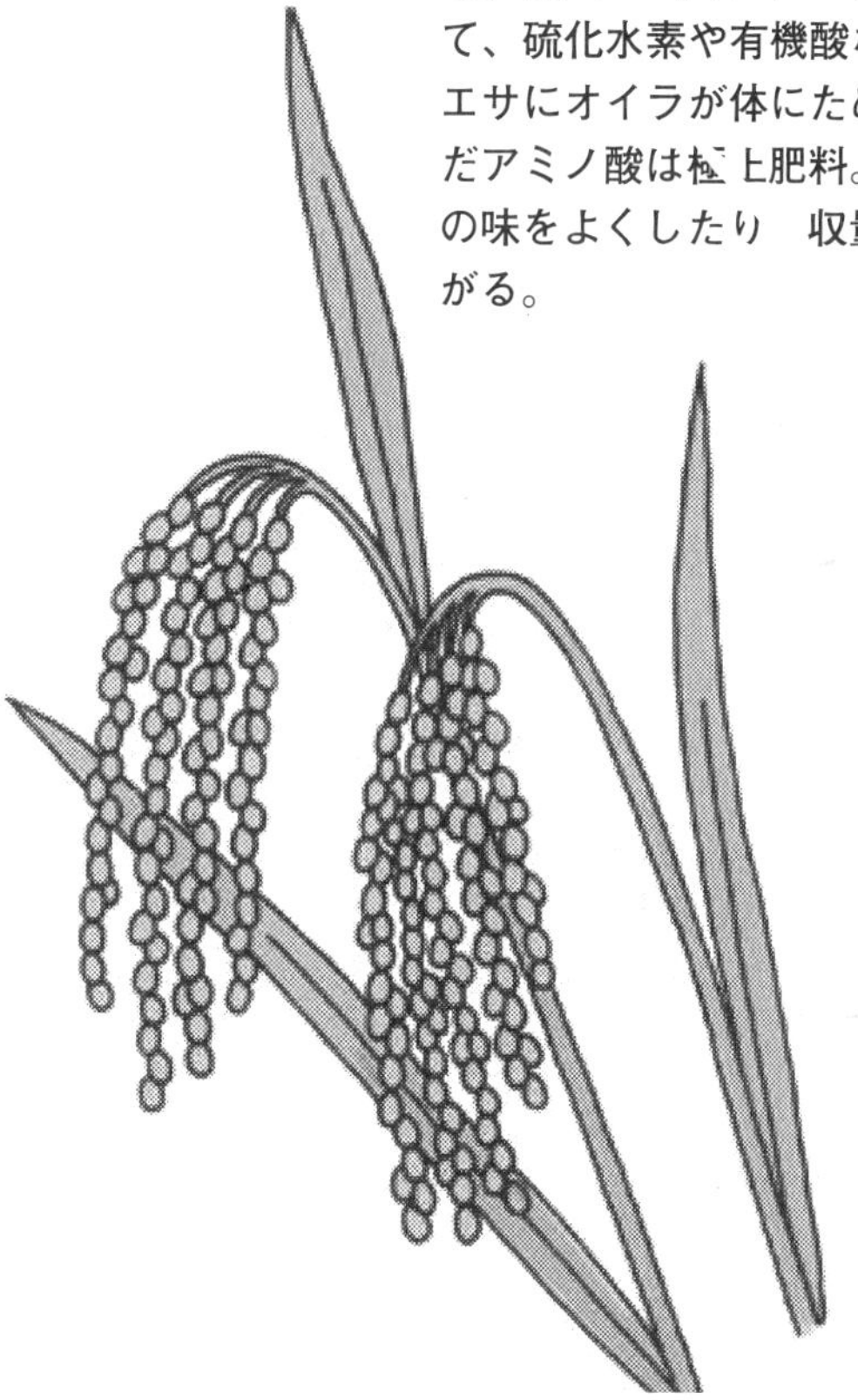

オイラの体にはタンパク質やビタミンも豊富だ。家畜や魚のいいエサ（成育が早い、産卵率が上がる、健康になる）にもなるよ。

水素
硫化
水素
硫黄
硫化水素や有害な有機酸を無害化するってことは、田んぼのガスわき対策に打ってつけ。オイラたちがよく殖える田んぼは根が元気だ。イグサの根やレンコンにもいいぜ。

現代農業2008年8月号　光合成細菌ってどんな菌？　根に悪い物質を極上アミノ酸肥料に変える、光合成細菌

光合成細菌は好気性菌との共生で力を発揮する
根に悪い物質を極上アミノ酸肥料に変える

小林達治先生に聞く

編集部

光合成細菌研究の第一人者といえば小林達《みち》治《はる》先生（国際応用生物研究所理事長）。『光合成細菌で環境保全』（農文協）を書かれてから一五年、今年で七九歳になる小林先生に、あらためて光合成細菌とはどんな微生物なのか教えていただいた。

嫌気状態でよく殖える菌だということはここまでの記事にも出ている通りだが、実は酸素がある環境でも活躍できるのだという。それはいったいどういうことなのか？

光合成細菌のエサ、好きな環境

Qさっそくですが、光合成細菌は田んぼに自然にいる菌だというのは本当ですか。

水田はもちろん、沼、ドブ、下水処理場など、有機物があって水がたまっているところならどこにでもいます。塩分にも強いから海にもいますよ。

現場によく出かけたころ、農家の人に話したのは「素足で田んぼに入って足の裏が泥に着いたとき、ぬるっと感じる田はお米がとれるよ。一ｔくらいとれるよ」ということです。こういう水田は、光合成細菌が泥にビッシリ生えたようにいると思ってまちがいな

田植え後の米ヌカ散布で水中の酸素が減ったためか、光合成細菌により水が赤茶色になった田んぼ（撮影 倉持正実）

い。肥沃な水田ほどたくさんいます。

ただ、その数はイネの生育に応じて変化します。栄養生長期のイネというのは根の伸張も盛んで、葉や茎から取り込んだ酸素を根によく送るので、根のまわりは酸化状態です。ところが幼穂形成が始まる頃から根に送られる酸素が減ってきて、急に還元状態になってくる。すると根のまわりでも硫酸還元菌がよく働いて硫化水素をつくる。これが激しい水田ではイネの根の呼吸が著しく阻害されるので「秋落ち」現象が現われます。自然の光合成細菌は、ちょうどこの幼穂形成から出穂のころにかけて急激に殖えるんです。硫化水素をエサにするからです。

泥がヌルッと感じるような水田なら光合成細菌が多いので、硫化水素の害が出にくい。お米もよくとれます。それほど肥沃でない水田なら、硫化水素が盛んに生産される前に光合成細菌を入れてやれば、障害を防げるというわけですね。光合成細菌は、イネにとっていちばんの正念場である生殖生長期の根の生理活性を高める「救いの神」です。

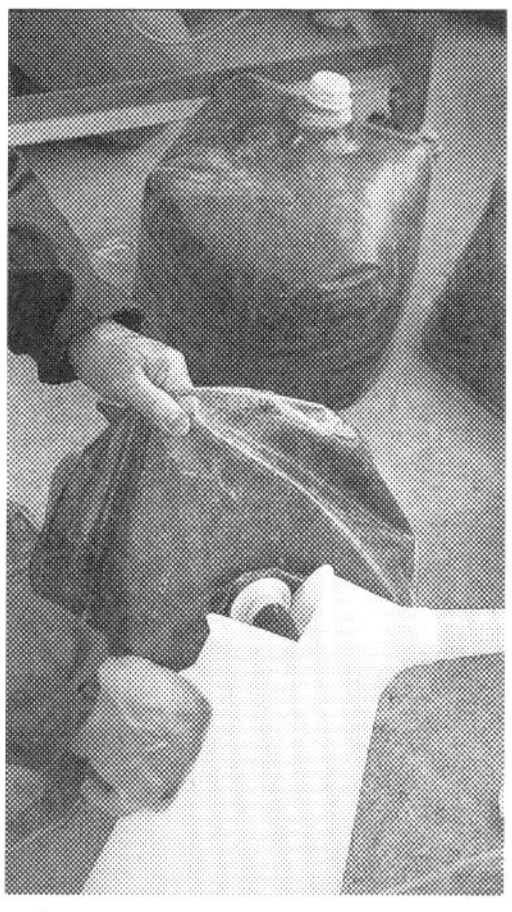

20ℓのポリ容器で培養した光合成細菌

Qそれにしても光合成細菌は、どうしてまた硫化水素なんてものをエサにするんでしょう。

この細菌は、名前の通り光エネルギーを使って炭酸ガスや有機酸などの炭素を同化して光合成をします。それで自分の体を殖やしていきます。植物の光合成は、炭酸ガスと水（H_2O）から炭水化物をつくりますね。光合成細菌の場合はこの水の代わりに硫化水素を使うんです。

硫化水素以外に、有機物が還元状態で分解してできる有機酸のなかにも有害なものがあります。光合成細菌は、これらいずれもイネにとって有害なものをエサにしてしまう。水に溶けた有機酸などの有機物をどんどん取り込んで自分の体にしていくので、水を浄化することにもなるわけです。

Qなるほど。ところで、さきほど「肥沃な田んぼほど自然の光合成細菌が多い」という話が出ました。光合成細菌が好む環境、よく増殖する環境を教えてください。まず、pHとか温度は？

pHは七～八の高めの状態でよく殖えますね。光合成細菌の利用で一tどりをめざす稲作を指導したときは、堆肥といっしょに消石灰を入れることを勧めました。増殖のスピードは遅くなりますが、酸性側のpHでも耐えることはできます。よく増殖する温度は三〇～四〇℃です。もっとも、人工的に培養するときはこのくらいの温度がちょうどよくても、水田の温度がこんなに高くてはイネがまいってしまいますが……。

温度やpH以上に重要な条件は酸素と光です。光合成細菌は、酸素がない嫌気状態で、明るいところほどよく殖えます。色素も酸素が少ない状態ほどよくつくられるので、紅色

図1　好気条件での光合成細菌とバチルス・メガテリウムの共生効果

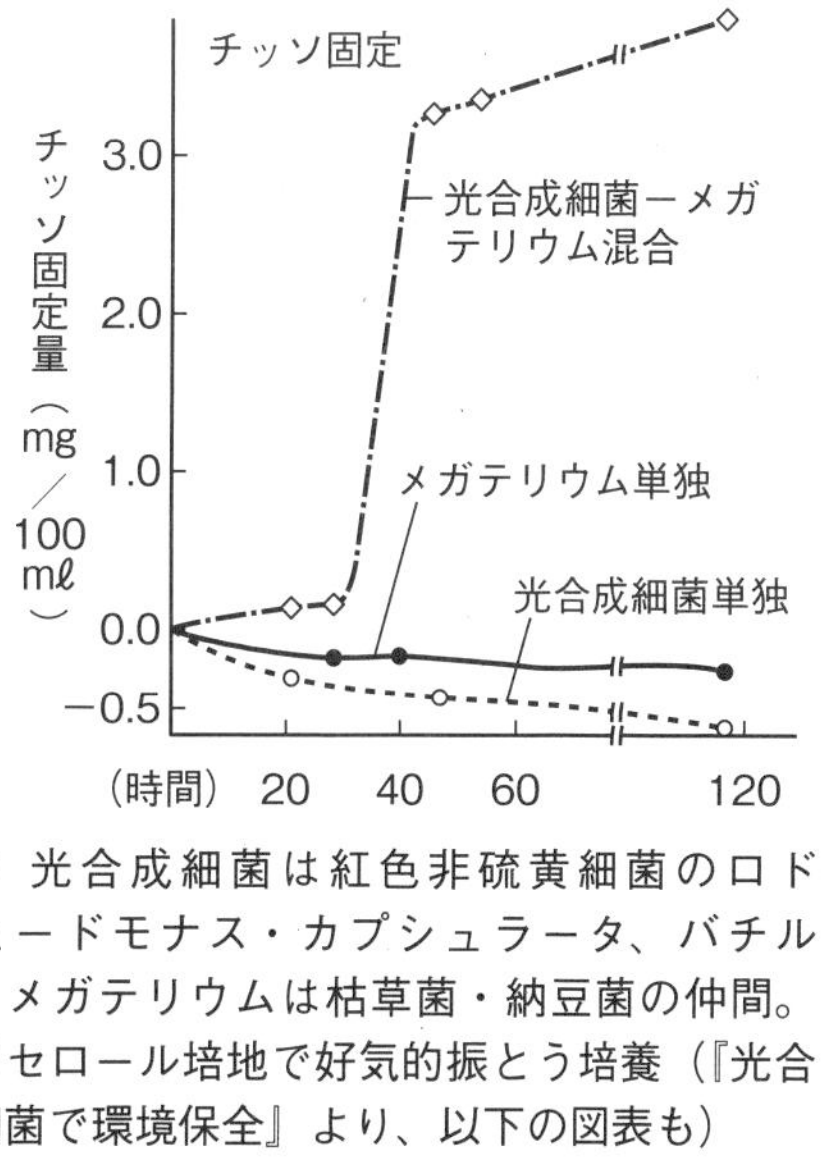

注）光合成細菌は紅色非硫黄細菌のロドシュードモナス・カプシュラータ、バチルス・メガテリウムは枯草菌・納豆菌の仲間。グリセロール培地で好気的振とう培養（『光合成細菌で環境保全』より、以下の図表も）

細菌は赤色が濃くなる。

もっともこの嫌気・明条件も、光合成細菌の種類によって多少違います。光合成細菌は、紅色硫黄細菌・紅色非硫黄細菌・緑色硫黄細菌の大きく三つに分類されます。そのうち紅色硫黄細菌と緑色硫黄細菌の増殖には嫌気・明状態が条件ですが、紅色非硫黄細菌の場合は嫌気・暗状態でも、あるいはある程度好気的な条件でも増殖できる。

また、紅色硫黄細菌や緑色硫黄細菌が行なう硫化水素を無害化する働きは光がなくても進むので、暗い土中でも根を守ることができます。光合成細菌はべん毛をもっていて、水の中を活発に泳ぎまわりますよ。土にもよく潜ります。

それに、今まで話したことと一見矛盾するようですが、いろいろな場面で光合成細菌を実用的に利用しようと思うと、紅色硫黄細菌を活かすときであっても酸素はある程度必要なんです。

好気性菌と共生して力を発揮

Qえっ？　紅色硫黄細菌の増殖条件は嫌気・明じゃないんですか？


汚水処理の例で説明しましょう。最初にふれたように、光合成細菌は水に溶けた有機物を体に取り込んで殖えていきます。そのため汚水を浄化できるのですが、このときに働くのは光合成細菌だけではないんですね。

たとえば酵母。酵母がいると光合成細菌の調子がいいんですよ。酵母が殖えるためには酸素があったほうがいいですね。一方で、酵母がいれば酸素を消費するので、酵母のまわりには嫌気的な環境がつくられる。それで光合成細菌も増殖できるんです。

こういうときの光合成細菌は、赤というよりボヤッとした紫色をしてますね。好気性菌と共存・共生して働くので、酸素もある程度あったほうがいいわけです。


Qそれは田んぼの場合も同じですか。


私は学生時代に、光合成細菌が田んぼにいるか、田んぼで空気中のチッソ固定の働きをしているか、をテーマに光合成細菌の研究を始めました。当時は、文献を見ても「光合成細菌は嫌気・明条件で生育できる」という記述しかありませんでした。

たしかに単独で培養するときは嫌気・明条件でいちばん増殖します。最高のチッソ固定をするんです。ところがイネの根圏微生物相を調べているあいだに、おもしろいことがわかってきました。光合成細菌が好気性の有機栄養微生物（有機物を分解して栄養を得る微生物）と共存すると活性が急上昇して、酸素があるところでもチッソ固定力が高まるんです。

好気状態でチッソ固定力がいちばん高まるのは、バチルス・メガテリウムという枯草菌・納豆菌の仲間と共存・共生したときでした。この菌はどこにでもふつうにいる菌で、堆肥のなかなどにもたくさんいます。メガテリウムほどではないにしても、相手が納豆菌や枯草菌であっても同じようなことが起こります。乳酸菌と共生したときもチッソ固定力が高まりました。だから、自然の光合成細菌が多い水田というのは肥沃なんです。堆肥が重要なんです。

私が研究を始めたころ、嫌気・明条件というのは自然にはないから光合成細菌のチッソ固定には意味がないと言われました。しか

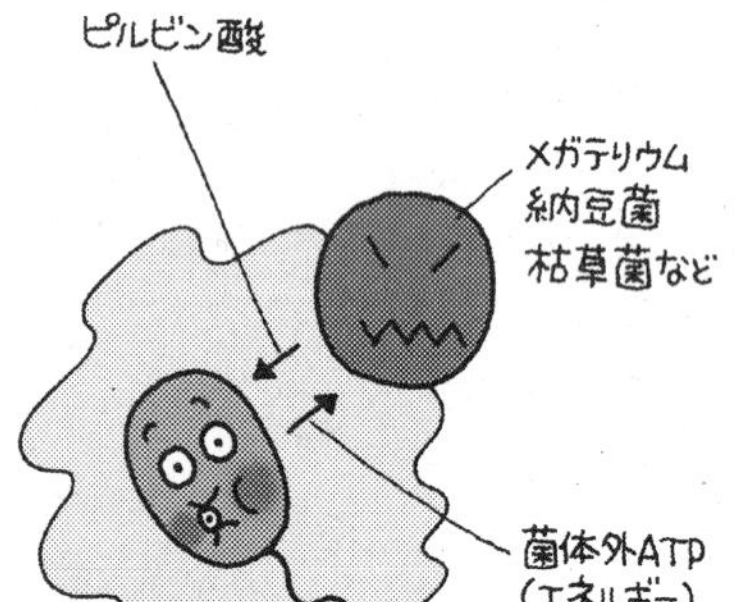

光合成細菌が納豆菌などと共生すると、有機酸やエネルギーをやりとりしながら粘質物を出して、嫌気状態をつくる

し、好気性の有機物分解菌といっしょに存在するという、自然のなかではいくらでも起こりうる状態で、光合成細菌はチッソ固定を行ないながら増殖していたわけです。

Q嫌気性菌と好気性菌の共生関係ですか。それによって活性が高まる。おもしろいですね！

もう少し説明しましょう。光合成細菌とメガテリウムが共生した状態を顕微鏡でのぞいてみると、光合成細菌はメガテリウムが出した有機酸（ピルビン酸）をエサにしていることがわかりました。しかも光合成細菌のほうは、自分の体のまわりに大量の粘質物を出して周囲の酸化還元電位を低下させているんです。自らも嫌気的な条件をつくり出していたんですね。

こういう共生関係が、チッソ固定力だけでなく炭酸同化作用も大幅に高めることがその後の研究で明らかになっていきました。それがさきほどの汚水処理への応用につながったわけです。

空気中のチッソと、有機物分解菌がつくる有機酸などを栄養に、どんどん自分たちの体を増殖させていく。汚水中の有機物を菌体に変え沈殿させていくわけです。この水処理の過程では、水中の有機物がだいぶ減ってくると、今度はクロレラなどのソウ類が増殖して浄化の主役になっていきます。

図2　高濃度有機廃水の浄化過程中における微生物群の変動

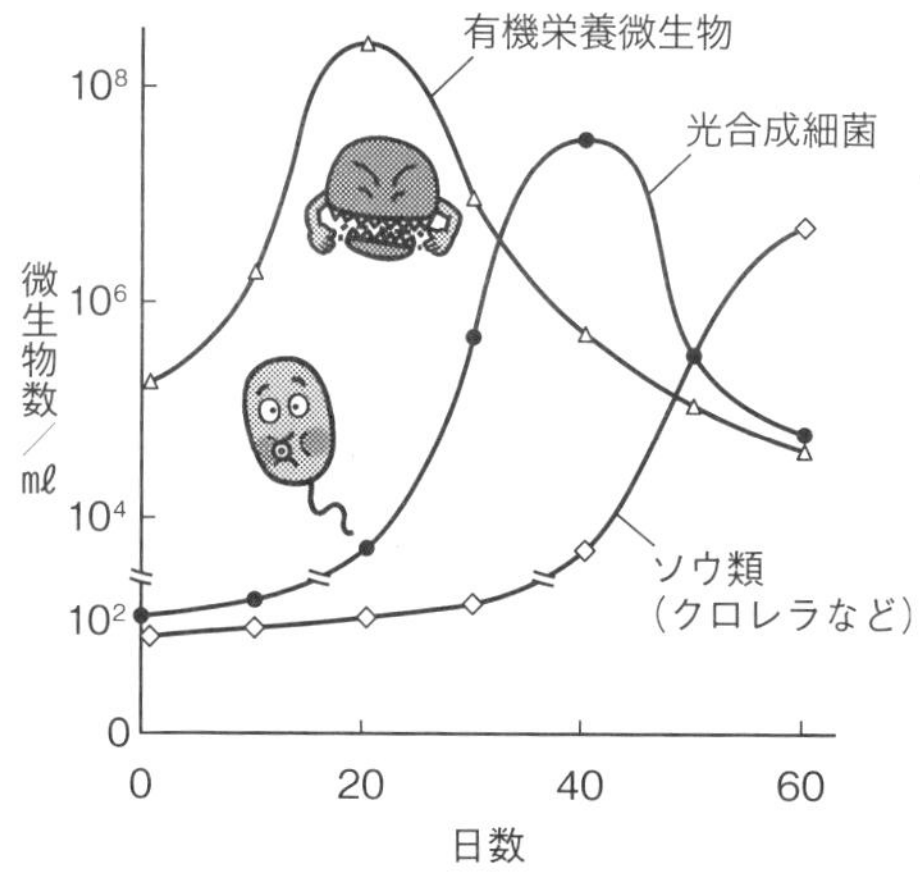

光合成細菌は極上アミノ酸肥料

Q粘質物で自ら酸欠状態をつくる、ますますおもしろいですね。一つ気になるのは、紅色非硫黄細菌の場合は、名前からして硫化水素はエサにしないということでしょうか。ということは水の浄化やチッソ固定はしても、イネの根の障害対策には役立たない？

たしかに紅色非硫黄細菌は、光合成をするのに硫化水素を利用しませんが、有害な有機酸など、イネの根腐れの原因になる物質の除去に貢献しています。それに好気的な環境でも生きられる利点がある。市販の光合成細菌資材には、紅色硫黄細菌と紅色非硫黄細菌の両方が入っているものもあるでしょう（松本微生物研究所のオーレスPSBなど）。

ついでにいうと緑色硫黄細菌は、硫化水素は無害化しますが、エサにできる炭素源が炭酸ガスだけなんです。有害な有機酸などの炭素化合物は取り込みません。それに紅色細菌にくらべて増殖が遅いんですわ。

Qああ、それで緑色硫黄細菌は資材化されてないんですか。

光合成細菌の農業利用についてさらにうかがいますが、これは肥料としても優れているんですよね？

昔、私が行なった実験では、光合成細菌の菌体をイネの出穂三週間前に施用したところ、一穂着粒数が増えるという結果が得られました。富有柿やミカンでも、光合成細菌の施用で収量と糖含量が増えています。

植物の花芽形成や着果のときには、体内でアミノ酸のプロリンや核酸のウラシル・シトシンの合成が増えます。生殖生長のために必要だということですね。その点、光合成細菌が分泌するアミノ酸にはプロリンが多い。その菌体にはウラシル・シトシンも含まれている。イネでは根の活性を維持する効果もあるわけですが、このアミノ酸・核酸の効果も加わって、作物の収量や糖含量の増加につながったと考えられます。

それに、光合成細菌の赤い色のもとのカロチン色素は、いったん分解されたのち、作物に吸収され、再合成されて、ミカン・トマト・イチゴ・スイカ・メロンなどの着色やツヤをよくしていることを確かめています。

Qなるほど。田んぼだけでなく畑でも役立つわけですね。

光合成細菌は、完全な湛水状態でなくても、湿ったような条件のところならすみつくことができます。連作障害対策や除塩のためハウスに水を張る農家がいますが、湛水期間中に光合成細菌が増殖することは十分に考えられます。連作障害対策ではなく、光合成細菌を殖やす目的で、年に一度、必ずハウスに水をためるという野菜農家もいます。

水がなくなって畑に戻れば光合成細菌は生きていけなくなりますが、光合成細菌の菌体があると、それをエサに放線菌がよく殖えます。放線菌は、野菜の病気の原因になるフザリウムと拮抗関係にある有益菌です。

肥料だけでなく、家畜や魚の飼料としても優れていますよ。ニワトリや牛に光合成細菌で処理した水を飲ませるとよく太る。成長が早い。卵の黄身の色もよくなります。汚水処理で沈殿した菌体なんて、家畜の最高のエサですよ。光合成細菌の菌体はタンパク質が豊富ですからね。アミノ酸組成のバランスもとれている。ビタミンのなかでもとくにB_{12}が多いのが特徴です。

光合成細菌を利用した汚水処理設備は大きな豆腐工場にも入っています。その浄化した排水を川に流すところに、夏、夕方四時ごろになると、近所の子どもが大勢、網を持って集まってくるんだそうですよ。魚がたくさん集まるというんですね。豆腐工場の協会がこれを喜んで、われわれの研究を宣伝してくれました。

動物のエサに限りませんよ。このところ食料危機が話題になっていますが、いざとなれば光合成細菌は、悪臭の原因になる有機廃棄物を人間の食料に変える力ももっています。

ありがとうございました。

＊小林先生の光合成細菌についての研究は、前記『光合成細菌で環境保全』のほか『根の活力と根圏微生物』（小林達治著、農文協）に紹介されています。

現代農業二〇〇八年八月号　小林達治先生にきく　光合成細菌は好気性菌との共生で力を発揮する　根に悪い物質を極上アミノ酸肥料に変える、光合成細菌

光合成細菌（R. カプシュラータ）と酵母中のアミノ酸組成
（g/100g 乾燥重）

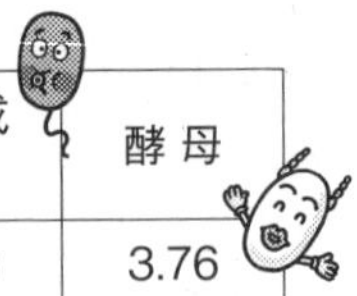

	光合成細菌	酵母
リジン	2.86	3.76
ヒスチジン	1.25	0.90
アルギニン	3.34	2.50
アスパラギン酸	4.56	3.11
スレオニン	2.70	2.65
セリン	1.68	2.75
グルタミン酸	5.34	6.21
プロリン	2.80	1.77
グリシン	2.41	2.18
アラニン	4.65	2.86
バリン	3.51	3.20
メチオニン	1.58	0.51
イソロイシン	2.64	2.63
ロイシン	4.50	3.54
チロシン	1.71	1.30
フェニルアラニン	2.60	2.20
トリプトファン	1.09	0.66
NH_2	4.01	6.20

注）R. カプシュラータは紅色非硫黄細菌

光合成細菌資材の種類と特性

光合成細菌の入った微生物資材は、数社から製造・販売されているが、内容や施用法をよく確かめ利用したい。主な製品としては、以下のようなものがある。

①TaKaRa PSB

光合成細菌（紅色非硫黄細菌*Rhodopseudomonas capsulata*種）を純粋培養し、菌体を遠心分離機で濃縮し凍結した、高純度・高濃度（生菌数1011/mℓ以上）の製品。光合成細菌は凍結に強く、凍結しておけば活性細胞のままで長期保存が可能。販売元からはドライアイスで凍結したまま届けられ、冷蔵庫のフリーザーで小分けして保存し、使用前に溶解させ3、000倍の水に懸濁して流し込み施用する。

製造元　宝酒造株式会社

＊2012年2月現在，製造が中止されている。（編集部）

②水稲用光オーレス、オーレスPSB

光合成細菌（紅色非硫黄細菌*Rhodopseudomonas capsulata*種と紅色硫黄細菌*Chromatium*）を培養し乾燥生菌固定し、光合成細菌の活性を高めるためにバチルス屑の細菌を組み合わせた水稲用光オーレス（粒状）と濃縮したオーレスPSB（液状）。

製造販売元　松本微生物研究所

連絡先など　本社・研究室 長野県松本市大字新村2904番地

TEL 0263-47-2078

ホームページ：http://www.matsumoto-biken.co.jp/

③M.P.B

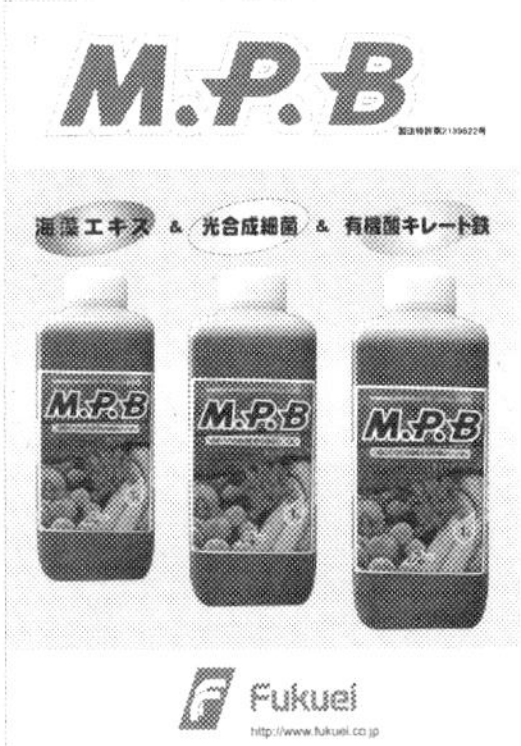

海草エキスと光合成細菌生菌（紅色非硫黄細菌*Rhodopseudomonas capsulata*種）を混合した液状資材。

製造販売元　福栄肥料株式会社

連絡先など　兵庫県尼崎市昭和南通6-26

TEL　06-6412-5251

（以上、小林達治著「光合成細菌」農業技術大系土壌施肥編に編集部加筆）

④光合成細菌（元菌）

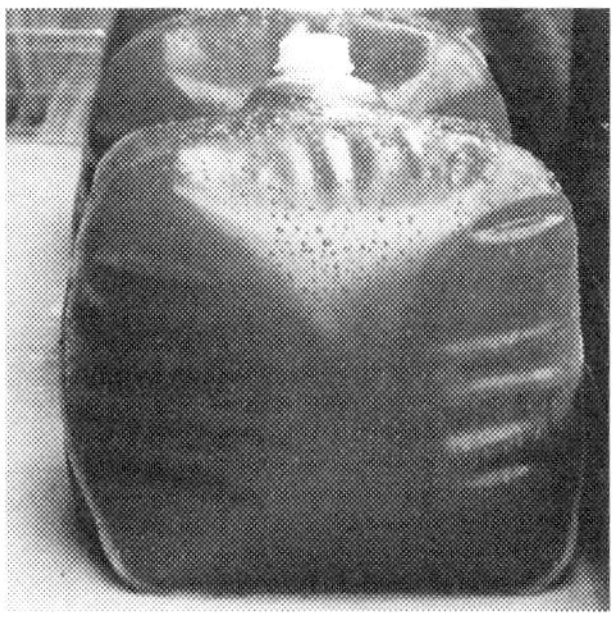

獣医師である佐藤義次氏が、自ら水田から分離した株を培養した光合成細菌の元菌。拡大培養の方法および培養に必要な資材も公開・販売し、農家の間では広く用いられている。

製造販売元　三河環境微生物さとう研究所（所長　佐藤義次）

連絡先など　愛知県岡崎市舞木町字狐山30番地の19

TEL0564-48-2466

⑤VSあかきん

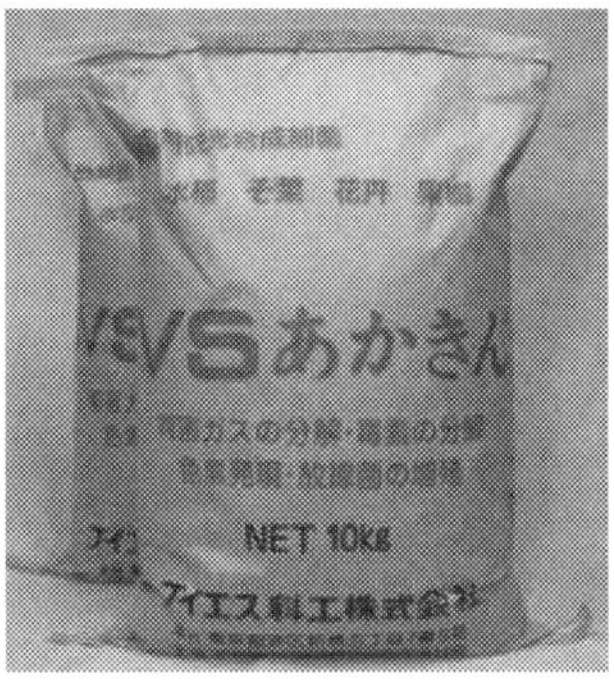

光合成細菌を国産バーミキュライトに培養したもの。「VSあかきん」は、1g中に含まれる光合成細菌の生菌数10^7/g。

製造販売元　ブイエス科工（株）

連絡先など　東京都港区新橋5-7-5　　富士屋ビル3階

TEL　03-3434-5617-8

⑥菌の力

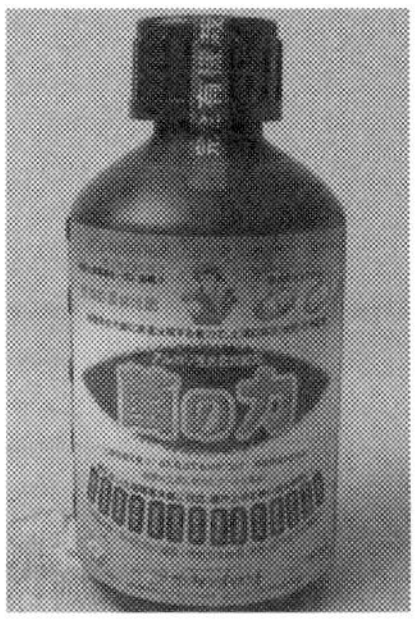

光合成細菌を加えた液肥で、「菌体液肥」として発売。花、野菜、観葉植物などに葉面散布として使用。

販売元　株式会社サングリーンオリエント

連絡先など　福岡県久留米市津福本町491-11オリエントビル

TEL　094-234-8833

（編集部調べ）

水田と堆肥から取り出した光合成細菌と耐熱性バチルス菌の利用

佐藤義次　三河環境技術さとう研究所

当所では、水田から分離した光合成細菌と、養豚農家の良質の豚ぷん堆肥から分離した耐熱性バチルス菌を利用した環境対策を進めてきている。

1　光合成細菌

当所の菌は地元の水田の表面の土壌から分離増殖したもので、幾種類かの紅色非硫黄細菌といわれる仲間の菌種と推定している。

1　効果の理由

光合成細菌は臭気の減少や浄化槽の改善などに著効があるが、なぜ効くのだろうか。家畜特有の匂いや発酵時の生臭い匂いは、有機物の分解過程で生ずる低級脂肪酸が主な原因といわれている。光合成細菌はこの低級脂肪酸の分解に関与しているものと推察される。使用前と比較して使用後には、吉草酸などで顕著な低下例も報告されている。

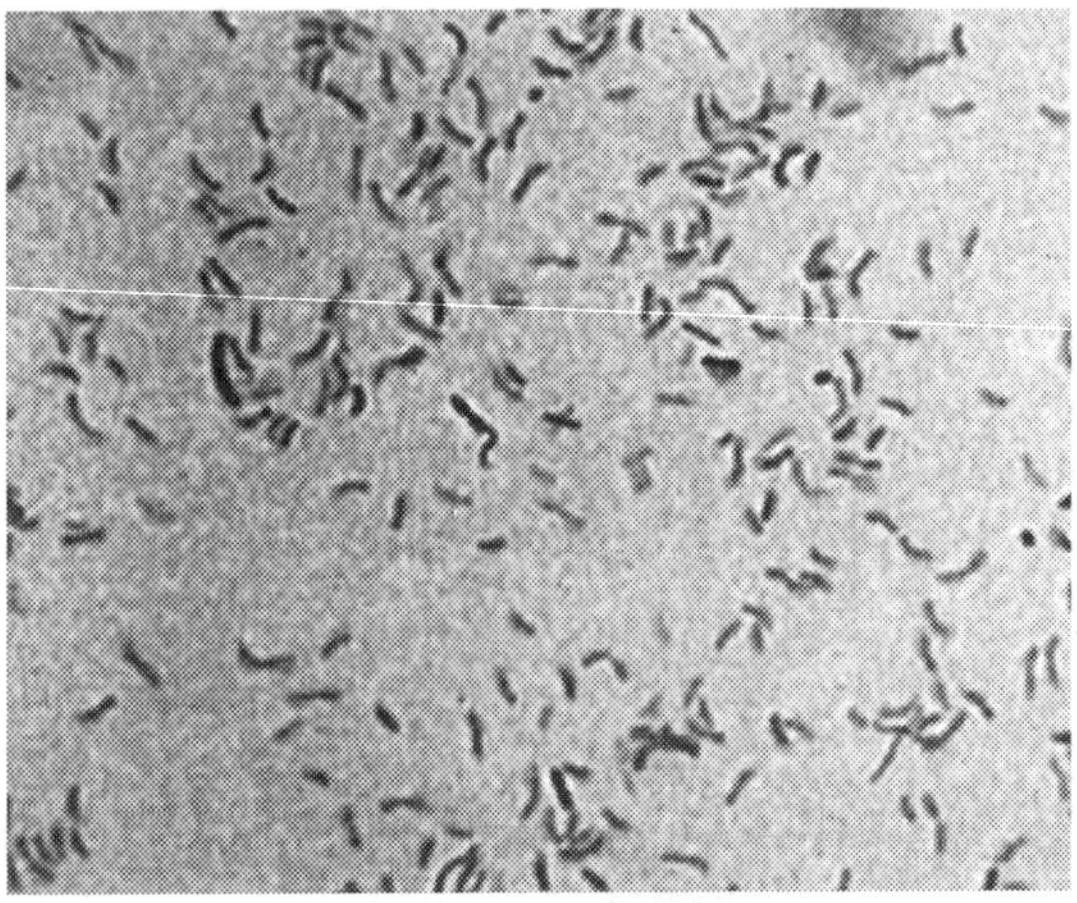

第１図　光合成細菌（紅色非硫黄細菌）
グラム染色陰性小桿菌

また堆肥の発酵促進や無臭化の効果については、光合成細菌が臭気軽減に役立つ放線菌の増殖を促すことも理由の一つとして推察される。

一方、浄化槽の廃水質改善は、光合成細菌を投入することによって、活性汚泥中の細菌や原生動物の増殖が促されることが、理由として考えられる。

また腸内細菌であるサルモネラ菌や大腸菌が、試験段階で大幅に減少することに対しては今後、いろいろな角度からの検討が必要であるが、外界の環境では、光合成細菌はこれらの菌にはかなり優位な立場にあることが推察される。

2　分離培養の方法

当所では蓋《ふた》付きの試験管（透明のペットボトルでも可）に第1表の培養液を入れ、適宜、水田の土を混ぜていっぱいにし、蓋をする。これを三〇℃前後の温度で日の当たるところに十日前後おいて培養する。

次に赤く変化してきたものを選んで、新たな培養液に移して、くり返し培養する。最低でも数回のくり返しが必要である。

なお、培養液の寒天に嫌気的培養をくり返した菌を加えることで、培養液中の菌が強化される。

第1表　光合成細菌の分離培養・拡大培養の材料（試薬）

試　　薬	培養液20ℓの量
塩化アンモニウム	20g
炭酸水素ナトリウム	20g
酢酸ナトリウム（無水）	20g
塩化ナトリウム	20g
リン酸水素二カリウム	4g
硫酸マグネシウム（7水和物）	4g
プロピオン酸ナトリウム	4g
DLーリンゴ酸	5g
ペプトン	4g
酵母エキス	2g

3　拡大培養の方法

当所では普及に不可欠の低価格を実現するため、使用現場で拡大培養ができることを前提条件としている。したがって、当所の元菌の培養も現場での拡大培養と同じ方法を採用しており、培養に必要な器具機材もどこでも購入できるものを選択している。また培養液の材料は分離培養に使用しているものと全く同じ組成である。

培養の手順　拡大培養の基本形は次の通りである。

①第1表の材料を水道水二〇ℓに溶解したのち、元菌液六ℓを加える。

②これを、水洗いしラベルを剥がした透明のペットボトルにいっぱいまで入れ、蓋をする。

③ペットボトルを日の当たる明るいところに一週間前後置いて培養する。

培養条件　培養の条件としては、元菌、材

図2　光合成細菌の拡大培養
冬期に室内で水槽とヒーターを利用した例とペットボトルの例

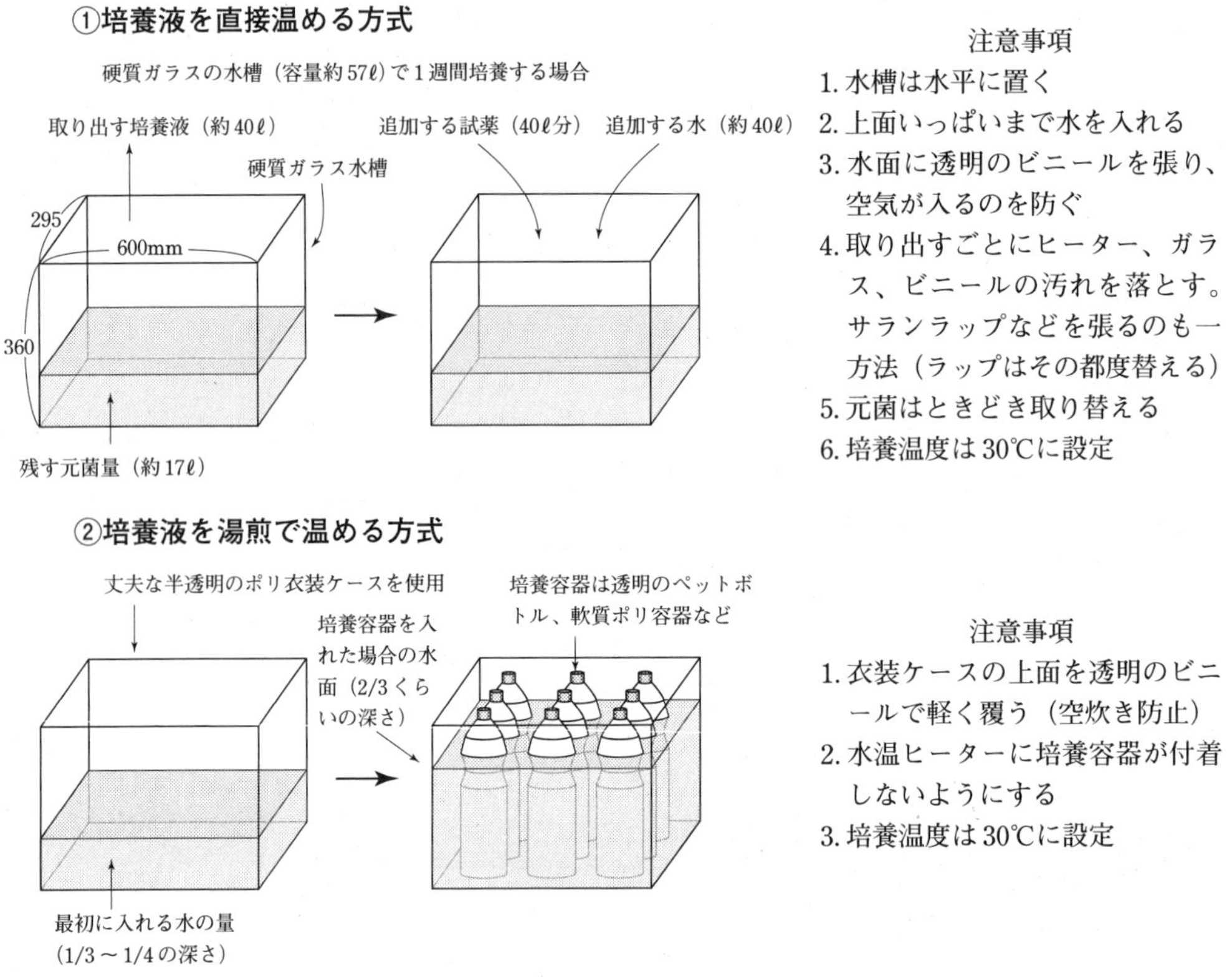

注意事項
1. 水槽は水平に置く
2. 上面いっぱいまで水を入れる
3. 水面に透明のビニールを張り、空気が入るのを防ぐ
4. 取り出すごとにヒーター、ガラス、ビニールの汚れを落とす。サランラップなどを張るのも一方法（ラップはその都度替える）
5. 元菌はときどき取り替える
6. 培養温度は30℃に設定

注意事項
1. 衣装ケースの上面を透明のビニールで軽く覆う（空炊き防止）
2. 水温ヒーターに培養容器が付着しないようにする
3. 培養温度は30℃に設定

第3図　水温ヒーター（観賞魚用）を利用した光合成細菌の拡大培養法

料、温度、光、嫌気度、容器、水質などが関係する。

元菌：元菌は赤褐色の濃いpH八・五程度のものであればよく、出来上がりのよい培養液は元菌として再度利用する。元菌の良否は赤褐色の変化でだいたい判断できる。なお、水質などの条件によって赤ブドウ色や茶褐色など、若干色に変化はあるが、効果の点では問題はない。

材料：第1表に材料を示したが、このメニューと量は一つの指標なので、あまり厳密なものではない。これとは別のメニューもいくつかあるので、培養の専門書を参考にされたい。

温度：温度は三〇℃程度が適温といわれているが、発育には二〇～四〇℃くらいの許容範囲は十分ある。しかし四〇℃以上の高温が長時間続くと、菌の活力は急激に低下する。一方、低温では一般の細菌と同様に増殖は劣る。しかし保管するには冬季でも明るいところであれば無加温で十分である。

光：環境条件のうち温度とともに光は重要である。通常は二〇〇〇Lux以上が必要といわれているが、屋外が最適であり、室内では窓際が望ましい。人工照明でもよいが、自然光が無難である。

嫌気度と容器：嫌気度はペットボトルに

いっぱいまで入れ、きちっと蓋をした状態であれば十分である。なお、空気が触れる部分があると白い同居菌が繁殖する場合が多く、pHの上昇を妨げたり、培養液の臭気が強くなるなどの傾向がみられる。このため、容器は透明のペットボトルが光の透過性もよく最適である。しかし、蒸留水などを入れる一八～二〇ℓの軟質のポリ容器や硬質ガラス性の観賞魚用の水槽、また丈夫な半透明のポリ製の衣装ケースなども優れている。

水質：水質の点では水道水が無難である。しかし、鉄分が強くなく、酸性も強くなければ井戸水でも十分使用可能である。

培養の場所と加温　培養の場所は、園芸用の加温ハウスが寒冷地でも年間を通して最適である。加温ハウスがない場合は、軒下やベランダおよび室内の窓際などでよい。なお、寒冷地の冬季では室内の窓際が適当であるが、室内で培養をする場合には臭気漏れに注意が必要である。

　加温の設備はいろいろ考えられるが、観賞魚用のサーモスタット付き電熱ヒーターが最も手軽である。これを利用した二つの事例を参考として挙げておく（第3図）。

第2表　サルモネラ菌、病原性大腸菌O-157に光合成細菌を1％添加したときの結果（抜粋）

区　分			5日後	10日後
サルモネラ菌	SE（5.0×10^{9}個）	対　照	∞	1.1×10^{8}個
		1％区	700個	2個
	ST（5.0×10^{8}個）	対　照	∞	1,000個
		1％区	400個	0個
	SD（1.0×10^{8}個）	対　照	∞	1.5×10^{7}個
		1％区	100個	0個
O-157（3.6×10^{7}個）		対　照	∞	3.0×10^{5}個
		1％区	100個	0個

注　SE、STは鶏ふん5％水溶液を、SD、O-157は牛ふん10％水溶液を使用
SE、ST、SDは菌の種類
区分欄の（　）内の個数は使用した菌の1mℓ中の個数、対照は光合成細菌を添加していない区

4　使用例と効果

畜種別使用例　酪農、肉牛：週一～二回バーンクリーナー、畜舎の床、尿溝、尿溜りなどに適宜な濃度（散布場所および器具により原液から五〇〇倍の濃度。たとえば尿溜りには原液、畜舎内の細霧は三〇〇～五〇〇倍など）で培養液を水で希釈してじょろなどで散布する。臭気、スカムの減少、床面のすべりの改善などに効果がみられる。

養豚：週一～二回一〇〇～五〇〇倍程度に希釈して、動噴や細霧で散布する。臭気の改善が顕著である。浄化槽には調整槽などに原液を投入する。浄化槽の臭気やSSが減少し、管理操作が容易になる。

養鶏、養鶉：週一～二回一〇〇～五〇〇倍程度に希釈して細霧で散布する。除ふん後や強制換羽時には濃いめにして散布する。臭気の減少に効果がみられる。

畜産共通：堆肥や乾燥施設では、生ふん二～三m^3に対して〇・五～一ℓの原液か、濃いめに希釈して散布する。発酵時の臭気の軽減、発酵の促進、堆肥の無臭化に効果がみられる。

　またふん尿水溶液に光合成細菌液を添加して、SEをはじめ各種のサルモネラ菌および病原性大腸菌O－157に対する減少効果を調べた。それによると、試験管内の反応では、著しい減少効果がみられている（第2表）。

畜産以外での利用　水田（稲作、イグサ）、ハウス作物（メロン、トマト、イチゴなど）、ハウス園芸（洋ラン、キクなど）、ミカン、カキ、イチジクなど果樹の根張り改善、水耕栽培（ミツバ、イチゴ、トマトなど）の養液の汚れ改善やピシウム菌病の緩和、生ゴミ処理、各種汚泥など産業廃棄物処理業、染

色関係の浄化槽、ウナギ、スッポンなど水産養殖業での水質改善など多岐にわたり利用されてきている。改めて光合成細菌の環境浄化に対する幅広い能力を示すものして注目される。

5　使用量と経費

使用量：経営規模、使用頻度などによって異なるが、家族労働の規模では一週間二〇～四〇ℓ使用すれば十分と考えられる。なお、夏季の使用は多く冬季は少ないのが一般的な傾向であるが、拡大培養をすればきわめて安価となるので、年間をとおしての継続使用が望ましい。

経費：一週間に四〇ℓ使用する場合の設備費は五〇〇〇～一万円、電気料は冬季で一カ月に一〇〇〇円、培養資材費は五〇〇〇円程度であり、拡大培養の手間も一回が一〇～一五分程度ですむ。

6　安全性の確認

畜舎や堆肥への散布が基本的な使用法だが、飲水や飼料に添加して投与することも現場では行なわれている。そのため、安全性の確認は重要である。

第３表　光合成細菌と耐熱性バチルス菌の安全性

①マウスの発育試験（光合成細菌液）

区分	試験前後の体重差（g）			
	1回	2回	3回	4回
通常飲水区	3.4	0.7	2.1	10.4
10%混合区	5.5	1.5	2.6	12.3
光合成細菌液100%区	4.4	2.2	3.9	12.1

注　各区6頭、2週間飼育

②マウスへの接種試験
（光合成細菌液、耐熱性バチルス菌液）
方法：原液0.5mℓ筋肉注射
育成マウス各3頭。　結果：２週間後、異状なし

マウスを使用して行なった発育および接種試験の結果は第3表のとおりであるが、光合成細菌液は安全性とともに、発育を促す効果も確認されている。

幅広い可能性を秘めた光合成細菌の研究は、今始まったばかりといっても過言ではない。公的な機関が実際の使用現場と密着して数多くの試みが為されることを切に願う。とくに、バチルス菌などを含めて微生物資材が堆肥をとおして農作物へどのように作用するかなどは早急に追究すべき課題と考えられる。

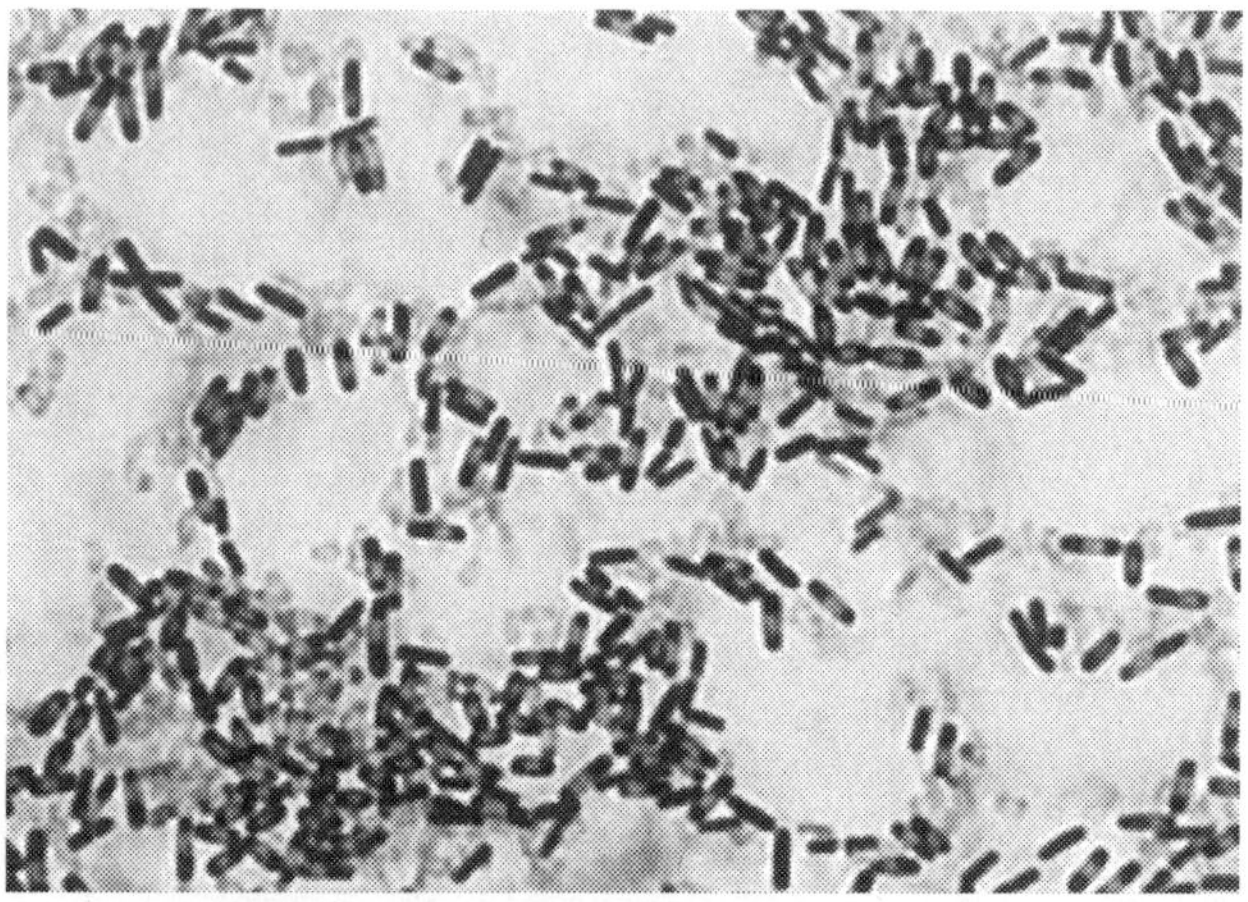

第４図　耐熱性バチルス菌（芽胞菌）
グラム染色陽性桿菌

2　耐熱性バチルス菌

1　豚ぷん堆肥から分離

耐熱性バチルス菌は良質な豚ぷん堆肥から分離したもので、五五℃、食塩濃度七％で十分発育増殖し、ゼラチン分解能力にすぐれている。バチルス菌の種類は三四種に大きく分けられるが、非常に多くの亜種が存在する。納豆の種菌であるバチルスナットウはよく知

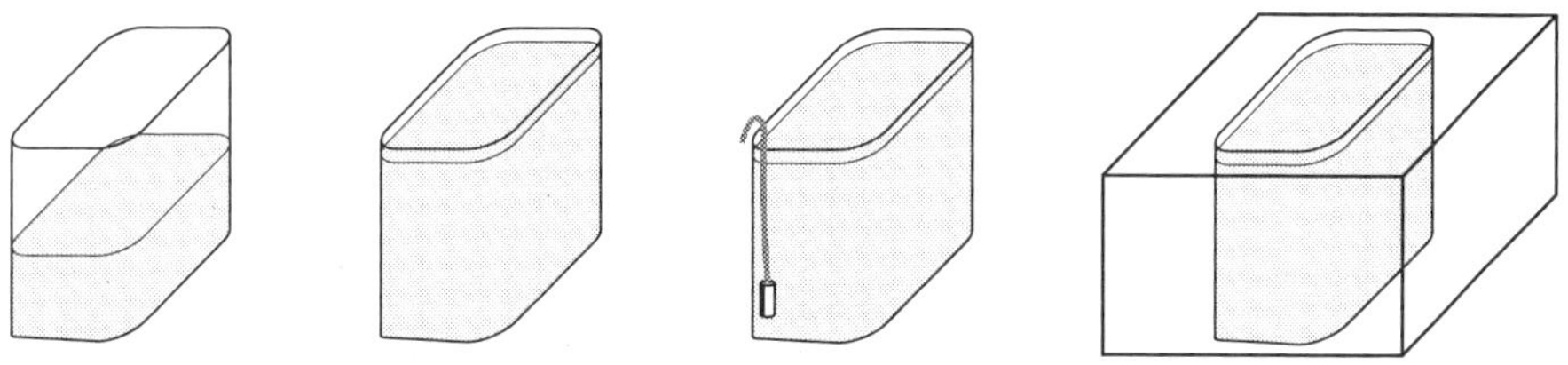
20ℓ以上入るポリ容器を準備する
シャーレ１枚分の元菌を寒天ごと細分して添加
観賞魚用エアポンプで曝気する（ポンプは１分間に3ℓぐらいのもの）
水温ヒーターで湯煎用の水を35℃に保ち，この中にポリ容器を入れる。18～20時間培養
約20kgの湯を入れ0.8ℓ（1kg）の糖蜜を溶解する（糖蜜液が重量比で5%となるようにする）
水道水を加え20ℓとして撹拌する
培養液の中に直接ヒーターを入れてもよい

第５図　耐熱性バチルス菌の拡大培養法

られているが、最近では洗剤中の酵素、核酸などバチルス菌の仲間が多方面に利用されてきている。

バチルス菌はデンプン、セルロース、蛋白などの分解能力にすぐれ、堆肥化にも早くから活躍する菌といわれている。また、熱や乾燥にも非常に強い芽胞となって生き続けるので、「戻し堆肥」として堆肥化すれば、繰り返しの利用が可能である。

好気性なので、拡大培養にはエアレーションが必要である。したがって堆肥化にも、十分空気が入るよう水分調整が重要になってくる。

２　分離培養の方法

土壌や堆肥などから標準寒天培地を使用して分離をすれば、縮毛状のコロニーを確認できる。菌の形状や芽胞の位置、大きさ、生物学的性状などから比較的簡単に分離でき、増殖培養が可能である。

３　拡大培養の方法

二〇ℓ以上入るポリ製の容器を準備する。これに適量の湯を入れ約〇・八ℓ（一kg）の糖蜜を溶解し、水道水を加え二〇ℓとしてよく撹拌する。この中にシャーレ一枚分の元菌を、寒天ごと細分して添加する。観賞魚用のエアポンプで曝気（ポンプは一分間に三ℓくらいのものを使用）する。

水温ヒーターで湯煎用の水を三五℃に保ち、この中にポリ容器を入れて一八～二〇時間培養する（直接、培養液の中にヒーターを入れてもよい）。培養後は涼しい場所に保管し、できるだけ早めに使用する。余った場合はおがくずなどに吸着させ、乾燥して使用する（第５図）。

なお、培養液は泡が盛んに出るので、車で輸送するときは丈夫な容器に入れて蓋を十分しめる。また、蓋は徐々にあけるよう注意する。このため、バチルス菌は使用現場で培養することが望ましい。

４　使用方法と効果

使用方法　培養原液二〇ℓを、六〇％程度の水分に調整した発酵前の生ふん三～五m^3に、じょろなどで散布する。一次発酵の終了した堆肥にはこのバチルス菌が熱や乾燥に強い芽胞の形で多く含まれているので、戻し堆肥としてくり返し利用することが可能である。一つの目安として、夏季は生糞一に対して戻し堆肥一、冬季は戻し堆肥三の割合で、水分は六〇%程度に調整する。

なお大規模な堆肥施設では、調整段階の過程で培養液が常時散布できるよう工夫すれば、堆肥化の短縮が可能になってくる。

また、光合成細菌と併用することは、臭気の改善や堆肥の品質向上の点から望ましい。堆肥の温度上昇が十分でないときは、水分調整や窒素分の補給などを検討するとともに、培養菌液の追加使用も必要と考えられる。

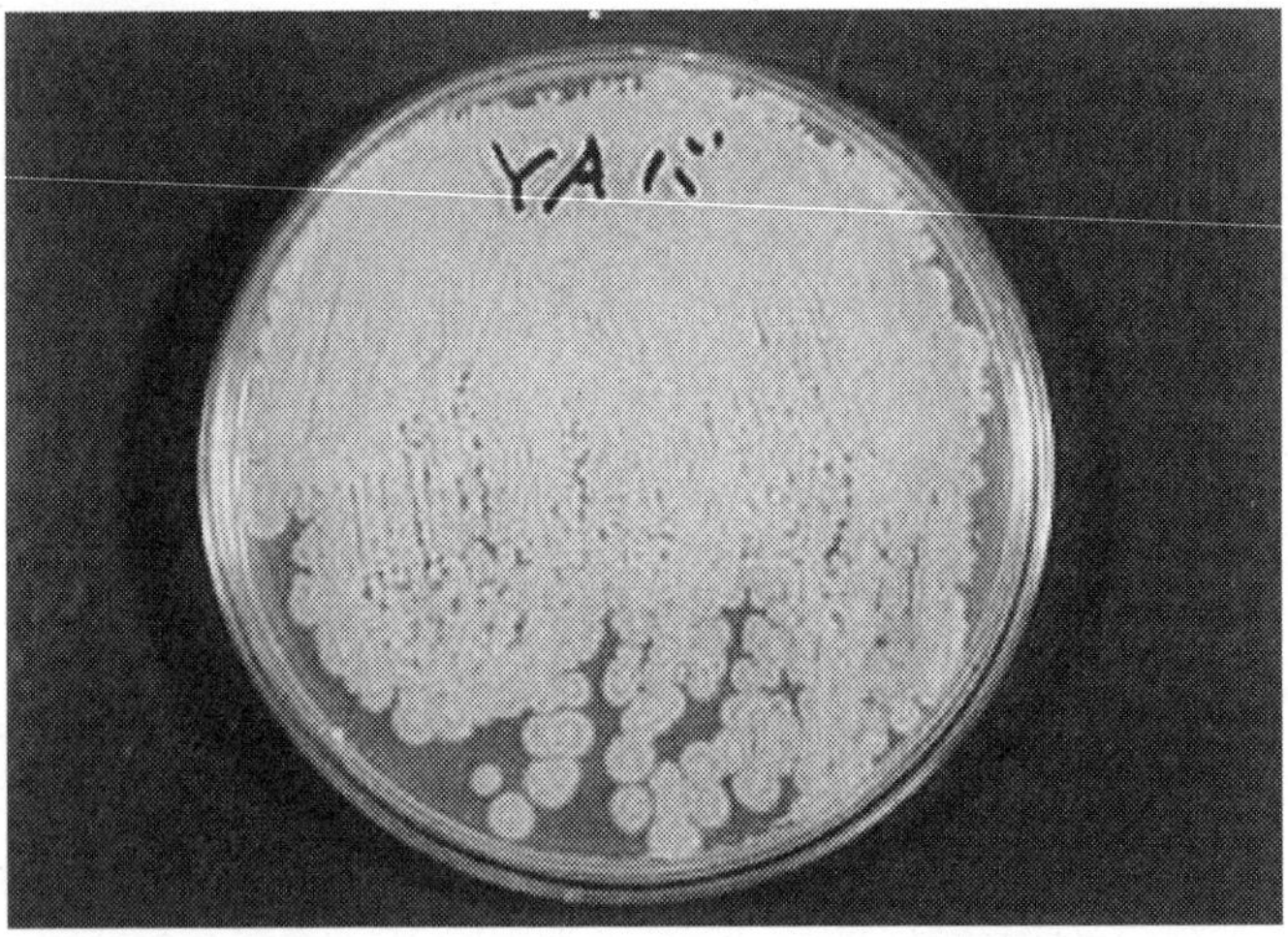

第6図　耐熱性バチルス菌（元菌） 寒天ごと利用する

効果　効果としては、発酵時の五〜一〇℃の温度上昇、発酵期間の短縮、堆肥の減量化、嫌気発酵抑制による臭気の軽減などが期待できる。また、水張り豚舎（すのこ下の糞尿溜式豚舎）へ散布したり、牛尿槽へ投入すれば、臭気の軽減とスカムの解消にきわめて有効である。

畜産以外への利用　さらに近年、ゴミ処理などの焼却に伴うダイオキシンが問題になり、堆肥化の重要性がますます高まっている。このため、本バチルス菌の幅広い活用を、一般家庭の生ゴミ処理など畜産以外の分野にもすすめたい。

5　安全性の確認

光合成細菌液と同様な方法のマウスへの接種試験で安全性を確認しているが、家畜への使用は糞尿への散布を原則とする。

土壌菌の仲間であるが性質の異なる二つの菌「光合成細菌と耐熱性バチルス菌」を利用して畜産環境改善対策を中心にとり組んできているが、畜産分野以外からも幅広く注目され、急速な普及と利用の定着化が顕著である。この最大の理由は、利用者が自ら菌の拡大培養をすることで、きわめて安価に利用できることにあると思われる。同時に、二つの菌の優れた環境浄化能力も定着化に大きく関係しているものと推察される。

農業技術大系畜産編第八巻　水田と堆肥から取り出した光合成細菌と耐熱性バチルス菌の利用

パート3 各地に広がる光合成細菌活用の取り組み

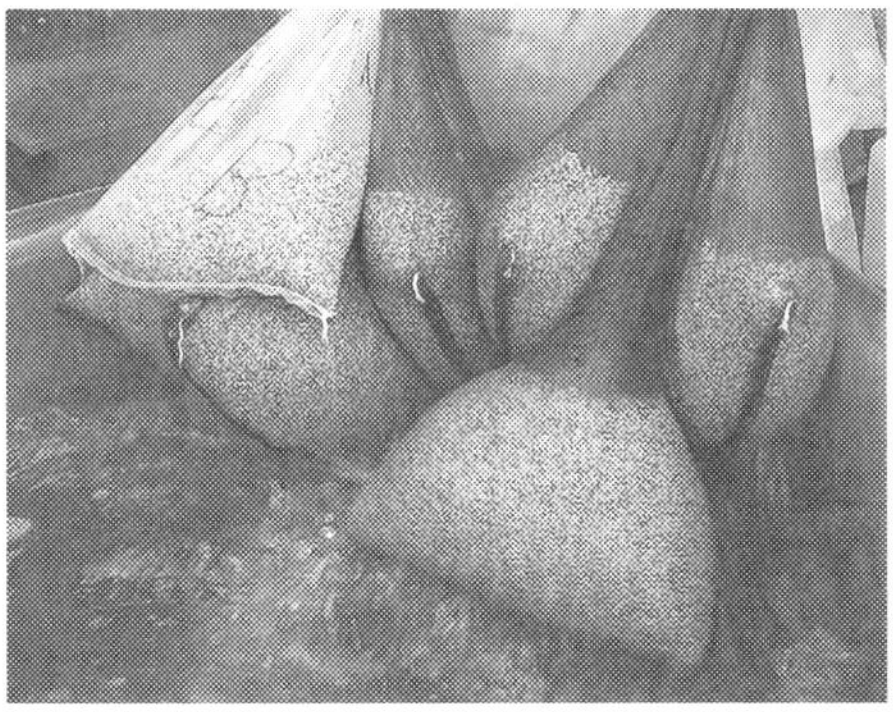

上：伊藤建一さんはイネのタネモミ温湯消毒にも光合成細菌を利用する（→80ページ）
（写真撮影　倉持正実）
右：イチゴのかん水に光合成細菌液を用いる陣内真彦さん（→66ページ）

光合成細菌活用の広がりは全国に及んでいます。

パート3では、畜産の糞尿臭い消しに活用している酪農組合、豚糞から極上アミノ酸液肥をつくる養豚家、納豆菌とミネラルをあわせてバラを栽培する農家、イチゴやキュウリ、キャベツなどの野菜農家、イネのタネモミ消毒に使う農家、多収穫に結びつけている農家、ブランド卵を生産する養鶏農家、発酵させるのに大変なモミガラをいとも簡単に堆肥化する農家、さらには家庭用の生ゴミ堆肥への光合成細菌の利用まで、独創的な使い方を紹介しているみなさんのオンパレードです！

病気も減った！悪臭放つ豚糞がスーパーアミノ酸肥料に化ける秘密

小林　宏さん　環境開発城山産業　編集部

小林正登さん。肉豚500頭のエサにはパンクズ、野菜クズ、粉砕モミガラなど地域の有機資源を使う

大悪臭地獄を救った二つの菌

環境開発城山産業は、知る人ぞ知る有機肥料「スリーパワー完熟」の製造メーカー。速効性があり、作物の味がよくなるとリピーターが多い。

城山産業の肥料の原料は豚糞と食品残渣。実は、環境開発城山産業は養豚業（肉豚五〇〇頭）を営む小林宏さんが一〇年前にはじめた会社だ。肥料事業は、息子の正《まさ》登《と》さんが担当。

「以前はただの豚糞堆肥として運賃くらいで運んであげてたんだけど、肥料としてもう少し有利に販売したかったんだよね。食品残渣を入れて成分を高めれば、『堆肥』ではなく『肥料』として販売できるんじゃないかと思ったんだ。産業廃棄物中間処理業の資格をとれば、原料はタダどころか手数料までもらえるし」と正登さん。

だが、道のりは全然甘くなかった。

数千万円のエンドレス発酵槽を導入し、豚糞と食品残渣をガンガン入れて発酵槽をまわした。ところが猛烈な悪臭が発生。近所中に鼻もちならない臭気が広がってしまった。正登さんはあわてて近所に謝ってまわった。

悪臭を早く抑えなくては。でも高い金はかけられない。ワラにもすがる思いで家畜保健衛生所に相談すると、光合成細菌と耐熱性バチルス菌資材を販売する「三河環境微生物さとう研究所」を紹介された。ここは元菌といくつかの薬品を販売していて、簡単な手づくり培養施設で低コストに菌を殖やせる。正登さんはさっそく資材一式を購入。培養した光合成細菌液とバチルス菌液を、堆肥槽に毎日投入した。日に日にニオイが減って、まずはひと安心。

堆肥も高温になり（七〇℃以上）、水分が飛ばされて好気性発酵がどんどん進んだ。最終的には白い放線菌の菌糸がまわった良質な有機肥料ができた。

やり方は以下の通り。一日一回、光合成細菌の一〇倍液を発酵槽に二〇ℓジョウロでまく。バチルス菌は豚糞を入れるときだけ原液を二〇ℓ入れる（二〇日に一回）。季節の変わり目で堆肥の熱が上がりにくいときはバチルス菌も毎日入れる。

一次発酵を行なうエンドレス発酵槽。コーヒー粕、オカラ、菓子・乳製品残渣、マグロ加工粕などを混ぜ合わせ、毎日発酵槽に入れる。豚糞は、肉豚の出荷後に、その群が入っていた区画分をすべて運び出して投入

二次発酵を行なう堆肥盤。約80日一次発酵させたあと、堆肥盤で30日間仕上げ発酵させる。週に一度切り返す

豚舎に光合成細菌シャワー、病気が出なくなった

光合成細菌の悪臭分解効果に感動した正登さん、飲み水にも混ぜてみた。体臭や糞尿のニオイが元から減るのでは、と思ったからだ。ところが水道管の内側に藻が生え、ポンプも壊れて失敗。光合成細菌は藻を殖やすようだ。

それならと、今度は噴霧器で豚と豚舎全体に光合成細菌液を一〇倍希釈したものを散布してみた。すると、ニオイがスッと減った。しかも飲み水に入れるよりも効果がはっきりしていた。それ以来、夕方に豚舎全体に光合成細菌液を噴霧するのが日課になった。

さらに思わぬ効果も。豚が病気になりにくくなってきたのだ。

以前は各種ワクチンも全頭やってきたし、病気になったらすぐ薬を使っていたので、薬代がバカにならなかった。

ところが、光合成細菌を豚舎に噴霧するようになってから、豚の呼吸器系の病気が少なくなってきた。風邪気味の豚がいても、すぐに治ってしまう。あまりに体調がいいので、正登さんはワクチンも含め薬の投与を一切やめてしまった。一応薬もストックしているが、ここ数年出番がない。光合成細菌には抗ウイルス作用があると言われているが、その効果なのだろうか。

寄生虫もほとんど出ていない。ただ、これは敷料をモミガラに変えたことも大きいようだ。オガクズと戻し堆肥を使っていたころは、回虫被害で肝臓廃棄がときどき出ていた。オガクズが高騰して手に入りにくくなったので、昨年からモミガラにきりかえてみたところ、パタっと寄生虫が出なくなったの

だ。下痢も肝廃棄もほとんど出ない。

理由ははっきりとわからないが、モミガラを入れてからは臭気もいっそう少なくなったのは確か。通気性が高まって糞尿の分解が進むからか、モミガラのケイ酸などが溶け出て微生物によい影響を与えているのか……。

光合成細菌を培養する小屋。光の入りやすいポリカーボネートの波板を屋根に。月の資材代は3万円くらい

おいしくなる肥料の秘密は、たっぷりのアミノ酸

できた肥料は一袋五〇〇円で販売。有機肥料としては格安だが、ずっと使い続けてほしいから値上げはしない。口コミで少しずつお客さんが広がり、今では「これしか使わない」という熱烈なリピーターも多い。在庫はいつも品薄で、製造が追いつかないほど。

この肥料を使うと、作物がおいしくなるというのが共通意見だ。ナシの糖度が二度上がったとか、直売所に出した野菜が「おたくのが一番おいしい」と指名買いされるようになったとか、茶のうまみが増したとか……枚挙にいとまがない。

「うちの肥料を使うと毛細根がびっしり張るのは確か。ホウレンソウが全然抜けないんで掘ったら、すごい根の量でおどろいたよ。どんな野菜も強く育っておいしいんだ」

あるとき、お得意さんの茶農家から「あんたのとこの肥料、成分表示以上によく効く感じなんだ。アミノ酸が入ってるんじゃないか」と言われた。気になって分析にだしてみると、とんでもなくたくさんのアミノ酸が検出された（右表）。「スリーパワー完熟」はスーパーアミノ酸肥料だったのだ。

スリーパワー完熟のアミノ酸含有量

（現物1kg当たり）

アミノ酸	含有量
アスパラギン酸	6710mg
グルタミン酸	10540mg
セリン	2340mg
スレオニン	2650mg
グリシン	4710mg
アラニン	4770mg
アルギニン	1670mg
プロリン	2290mg
バリン	3190mg
メチオニン	660mg
イソロイシン	2390mg
ロイシン	4180mg
フェニルアラニン	2920mg
シスチン	0
リジン	1740mg
ヒスチジン	920mg
チロリン	2800mg

スリーパワー完熟の肥料成分

（現物当たり、単位%）

N（チッソ）	P（リン酸）	K（カリ）
3.3	2.1	0.8

平均的な測定値

タンパクをアミノ酸発酵へ導く光合成細菌

なぜこんなにアミノ酸が多いのだろう。

「うーん、よくわからないけど、食品残渣はタンパク源も多いから、そういうのが発酵でアミノ酸になるんじゃないかな。でも、食品残渣は間違えるとものすごい悪臭を出して腐敗する。光合成細菌とバチルス菌がうまく発酵の道にのせてくれるから、よい肥料になるんだと思うよ」と正登さん。

バチルス菌はデンプン、セルロース、タンパク質の分解を行なう。堆肥の温度を上げて

酪農組合全員で光合成細菌を利用

愛知県・半田市酪農組合

全国でも有数の規模を誇る半田市の酪農。搾乳牛の平均飼養頭数は一〇〇頭以上、さらに肉牛も平均一二〇頭以上と、飼乳肉複合経営が多い。

都市部なのでニオイ対策がネックになりそうだが、どの牧場も畜舎のニオイは少なく、トラブルもほとんどない。光合成細菌を毎日バーンクリーナーに散布しているおかげだ。

酪農家ひとりひとりが光合成細菌を培養するのはたいへんなので、TMRセンターである半田市酪農組合飼料配合所が、光合成細菌の培養を代行する（三河環境微生物さとう研究所の資材を使う）。敷地内にあるビニールハウスで培養したものを、二ℓのペットボトルに詰めて、エサと一緒に毎日各酪農家に配送する。七年ほど前から取り組みはじめ、今では欠かせない資材になっている。

（編集部）

ポリたらいの中に熱帯魚用ヒーターを入れ、35℃に保つ。水面はビニールをかぶせて嫌気環境に

水分を減らし、好気性発酵が進むのを助けてくれる。

光合成細菌は、タンパクを悪臭物質に変える大腸菌の増殖を抑える（三河環境微生物さとう研究所の試験より）。タンパクを悪玉菌の分解から守ってくれるのだ。しかもアミンや硫化水素などの悪臭物質ができてもそれを分解する。

この二つの菌の相乗効果で、アミノ酸リッチのよい肥料ができているんじゃないかと正登さんは考えている。

もちろん、光合成細菌の菌体自身がアミノ酸を豊富に含んでいることも見逃せない。毎日豚舎にも発酵槽にもたっぷり散布しているから、その蓄積も相当なものだろう。

枝肉価格が低迷するなか、肥料販売の収入は小林さんにとって大きな経営の支えだ。

現代農業二〇〇九年十二月号　病気も減った！悪臭を放つ豚糞がスーパーアミノ酸肥料に化ける秘密

納豆菌と還元ミネラルをプラスしてビックリ効果のアミノ酸液肥

長崎県南島原市　本多陽生

光合成細菌と魚粕を材料にしたアミノ酸液肥でできた見事なバラと筆者

光合成細菌を使うようになっていろいろとよいことがわかってきました。ひとえにお世話いただいた方々のお陰です。その後どんなことを行ない、どんな夢が近づいたのか、感謝を込めて紹介させていただきます。

堆肥づくりがラク

まずは堆肥づくりです。堆肥をつくろうとすると、枯草菌や酵母菌、放線菌など、さまざまな菌が飛び込んできます。光合成細菌は枯草菌と共生するとチッソの固定が三倍以上になると『現代農業』二〇〇八年八月号の記事で読み、大変興味があったので、最初は発酵中のバーク堆肥に混合してみました。

バーク堆肥とは五年ほど野積みにしたバーク約五tに、米ヌカを二五〇kg混合したものです。米ヌカを混合するときにダイズの煮汁一〇ℓ（ダイズを五〇〇gぐらい入れて煮込んだもの）と、自家製の光合成細菌液（原液二〇〜三〇ℓを水一〇〇ℓに混ぜたもの）を一緒に散布して攪拌しました。堆肥の発酵温度が六〇〜七〇℃になったら二〜三回切り返して、米ヌカなどによる甘いような発酵臭が完全に消え、山芝（腐葉土）のようなニオイになった頃が使いどきと判断しました。

その堆肥をバラのポット苗の床土（山土三

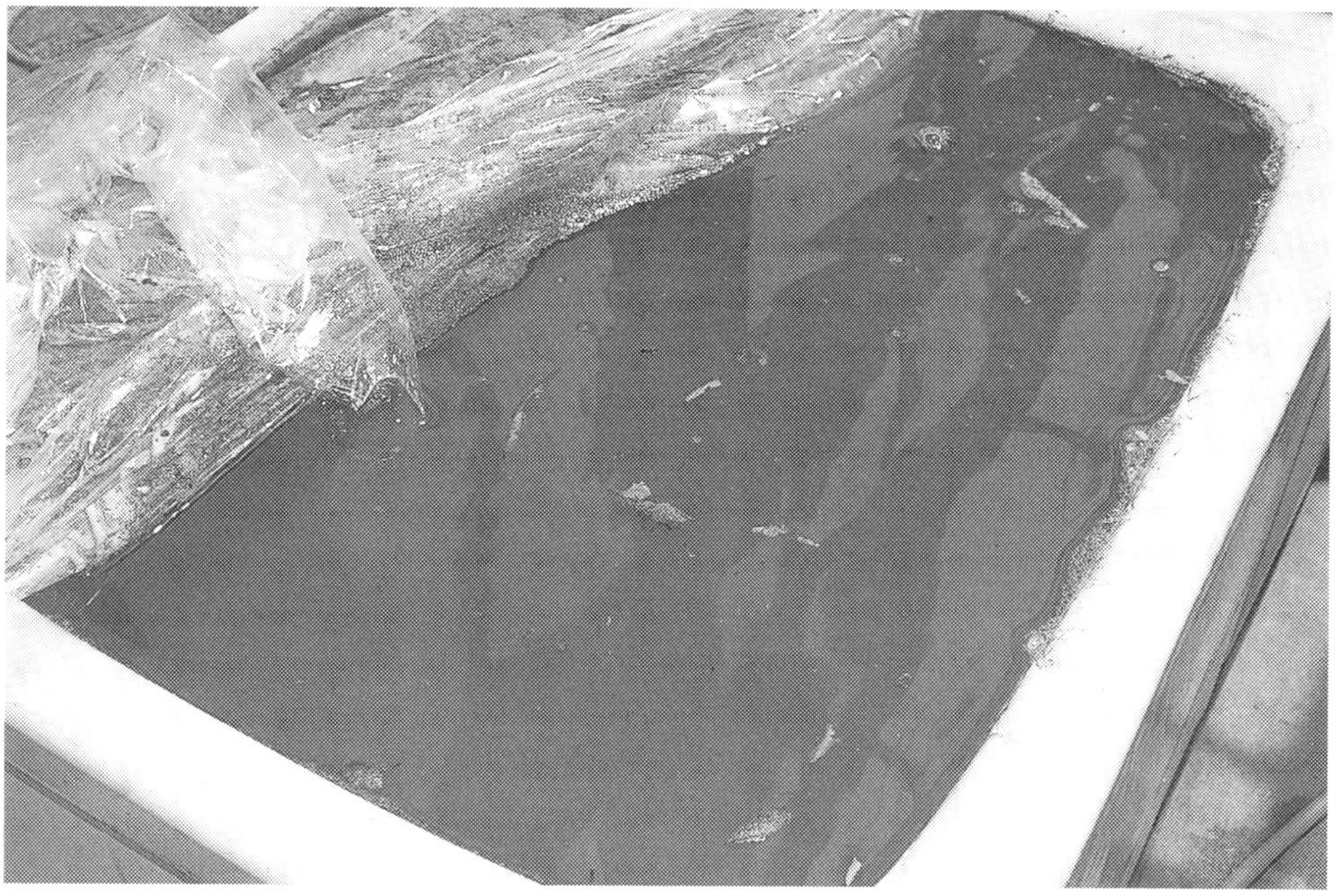

風呂おけにたっぷり培養した光合成細菌。お金をかけずにできる培養法は136ページを参照（撮影　赤松富仁）

光合成細菌をかけた堆肥。やや半熟でもガス害が出ない

割に堆肥七割を混ぜたもの）に使ったのですが、根張りがよく、その根が真っ白で太いのです。また、堆肥をバラの根元にマルチするように入れると、ミミズがたくさん見えるようになりました。

鶏糞などが手に入るときはそれらも加えて堆肥をつくります。堆肥づくりは本誌でもおなじみの小祝政明先生の本（『有機栽培の野菜づくり』農文協）を参考にしていますが、やや半熟くらいのほうが微生物や炭水化物が多く含まれているので、作物が病気に強くなり、多収できると書いてありました。ただし、家畜糞を使った堆肥はガス害が出ないか、腐敗しないかなどと心配でした。

しかし、光合成細菌は有害ガスをエサに殖え、極上のアミノ酸をつくり出すといわれています。また、堆肥の中が酸欠になっても腐敗に傾けない働きがありそうでした。バーク堆肥と同じ要領でつくってみましたが、仕込んでから二カ月しかたっていない堆肥でも、アンモニア臭はせず、心配なく使えることがわかりました。

堆肥のなかでミネラルを還元化

光合成細菌をかけた堆肥はあまり切り返さないようにしています。そのほうが作業がラ

光合成細菌入り堆肥を床土にしたバラ苗の根。真っ白

クであると同時に、この堆肥は好気性菌が活動して温度が上がった後、酸素がなくなって還元状態になっても腐敗しづらいからです。

ミネラルは還元化すると植物に吸収されやすくなることがわかっていたので、その堆肥にミネラル分として草木灰などを一割程度入れてみました。

ミネラル+アミノ酸のビックリ効果

その後、驚くような光景を目の当たりにしました。それは私の家庭菜園畑や友人の畑でのことですが、成り疲れを知らない三個も成るメロン、ひと果房に何個も成る大玉トマト、ひと房に三つ成るキュウリ、たくさん成るインゲン、いつまでも柔らかくえぐみのないレタスなど……。バラはさておき、野菜では次々と効果が出てきたのです。

このミネラル入り堆肥を水に入れ、上澄み液を適当に薄めて葉面散布したり、かん水ごとに流したりしただけです。とくにインゲンやレタスはすばらしいできでした。還元ミネラルとアミノ酸が結びつき、それらが理想的に効くと、植物の生命力が引き出されると実感しました。

長年、追い求めていた夢が、光合成細菌と納豆菌を中心にした共生菌とミネラルの還元によって、あっけなく実現した瞬間でした。

還元ミネラル強化で過去最高のバラが切れた

ただ、バラにはまだ何か物足りませんでした。資金もあまりかけられませんでしたので、友人に頼んで魚粕をゆずり分けてもらい、光合成細菌を混合したボカシをつくり、そこからミネラルも含んだ速効性のアミノ酸液肥をつくろうと考えました。

原理は堆肥と同じですが、還元された吸収されやすいミネラルを含ませることに気を使い、いろいろな材料で実験しました。本誌で有名な渡辺和彦先生にも恐れながら何度もご指導いただきました。そうしてできあがったアミノ酸液肥のつくり方が六二ページのとおりです。それが功を奏し、この春は四〇年近いバラづくりでいちばんよい花を切ることができました。葉の色艶がよく、茎がしっかりした花で、クズがほとんど出ず、秀品率は九五%以上。

決め手はやはり還元ミネラルとアミノ酸の融合効果と、それをサポートする豊富な種類のミネラルだと思っています(名付けて「オリジンシステム」)。

ただこれをやると肥料の吸収力が旺盛になるためか、石灰や苦土などが不足した一部の圃場では、少々柔らかく育つようで、春先にベト病などが出てしまいました。今後はボカシに混ぜるミネラルに卵の殻や硫酸マグネシウムなども加えてみたいと考えています。

小面積で多収して夢の農業実現

この地球に生命が誕生した頃、酸素もなく、ミネラルは還元された状態で海に多く漂っていたと思われます。そしてガスをエサに光合成細菌のような生物がアミノ酸をつくり出していたとしたら、このアミノ酸とミネラルは多くの生命の進化を支えるエネルギーになっていたのかもしれません。このことが今回の堆肥の中でのミネラルの還元とアミノ

光合成細菌をかけた堆肥の液をかけて育った驚きのトマトとキュウリ

完成したアミノ酸液肥

酸の出合いの発想につながりました。

光合成細菌にしても堆肥を使ったミネラルの還元にしても大いなる自然の力です。この力を使えば、アマゾンの奥まで焼き払って農地を広めるようなことをしなくとも、少ない面積で安全な作物を多収できるのではないか、地球環境を壊さずに安全な食糧を供給できるのではないかと大きな夢を抱いています。

最後になりましたが、一四一ページで紹介した光合成細菌のエサは、材料を集めるのに大変だった方が多くおられたと聞きました。

問い合わせ先
TEL〇九〇―八二八九―四二一五
FAX〇九五七―八五―二九六六

現代農業二〇一〇年八月号　納豆菌と還元ミネラルをプラスして、ビックリ効果のアミノ酸液肥

ミネラル+アミノ酸液肥のつくり方

アミノ酸液肥を仕込んでいるところ

【材料】

・魚粕20kg
・焼灰（ミネラル）4kg（竹、松、モミガラを燃やした灰）
・光合成細菌と納豆菌の共生菌液1～2ℓくらい（光合成細菌2ℓにダイズの煮汁を1ℓくらいの割合で混ぜて2～3日置いたもの）

【つくり方】

混ぜ合わせた魚粕と焼灰を30ℓの桶に入れ、共生菌液をかけてよく混ぜる。菌液の量は魚粕がパサパサする程度（水分率40%）。2カ月ほどかけてよく発酵させ、魚のキツイにおいがやわらいだら魚粕ボカシができる（途中で乾いたら水を入れる。つねに水分率40%くらいをキープ）。雨水が入ると腐敗することもあるので屋根のある倉庫などで仕込む。

できあがった魚粕ボカシを200ℓの水に入れ、5日ほど置き、上に浮いたカスを網ですくって濾過すれば完成。よくできた液は濃い茶褐色で少々魚くさいものになる（腐敗臭や強いアンモニア臭がするものは失敗。使わないほうがいい）。

【使い方】

かん水と一緒に流すときは10aに5～10ℓ。葉面散布のときは500倍程度。育苗にも使える。どっしりとした作物になり、糖度も上がったりする。

過石を光合成細菌に食わせた菌液はゼッタイ効く

飯田守さん　栃木県栃木市　編集部

かけた翌日にイチゴの葉が立つ

「リン酸がすぐ効くから、かけた次の日にはイチゴの葉がピンと立つよ。できあがるのに一週間かかるから、今は別のリン酸肥料に替えちゃったけど、このやり方はいいよー」

飯田守さん（撮影　赤松富仁）

そう話す飯田守さんが教えてくれたのは、過リン酸石灰を光合成細菌で発酵させた手づくり葉面散布剤。

きっかけは『現代農業』で読んだ化学肥料ボカシの記事。

水の中で化成を発酵させる

「化学肥料だって発酵させると、少ない材料でも高成分の有機質肥料になるんだ。へぇ！」

おもしろいと思ったが、飯田さんは葉面散布が大好き。土の中に入れると固定されてしまいやすいリン酸（過石）を葉面散布で効かせたい。だったら、水の中で水中ボカシにできないかと考えた。その結果選んだのが、水の中で活躍する光合成細菌というわけだ。

過石は五kgだけ

これだと過石も少量で効かせられる。材料は過石五kgくらいと光合成細菌一〇〇gのみ（図参照）。バケツの水の中で、金魚のブクブクを使って酸素を送り込む。光合成細菌は酸素のない田んぼを好むというが、飯田さんは好気条件にしたほうが発酵がすすむという。

また光合成細菌はpHが七～八の高めで働く。pHを測って低いときには、消石灰の上澄み液を入れてやるといい。

飯田さんはこれを五〇〇倍くらいで使う。

「葉っぱからかけると、かかったぶんはゼッタイに効く！ダニでやられた葉っぱだってすぐ回復しちゃうよ」

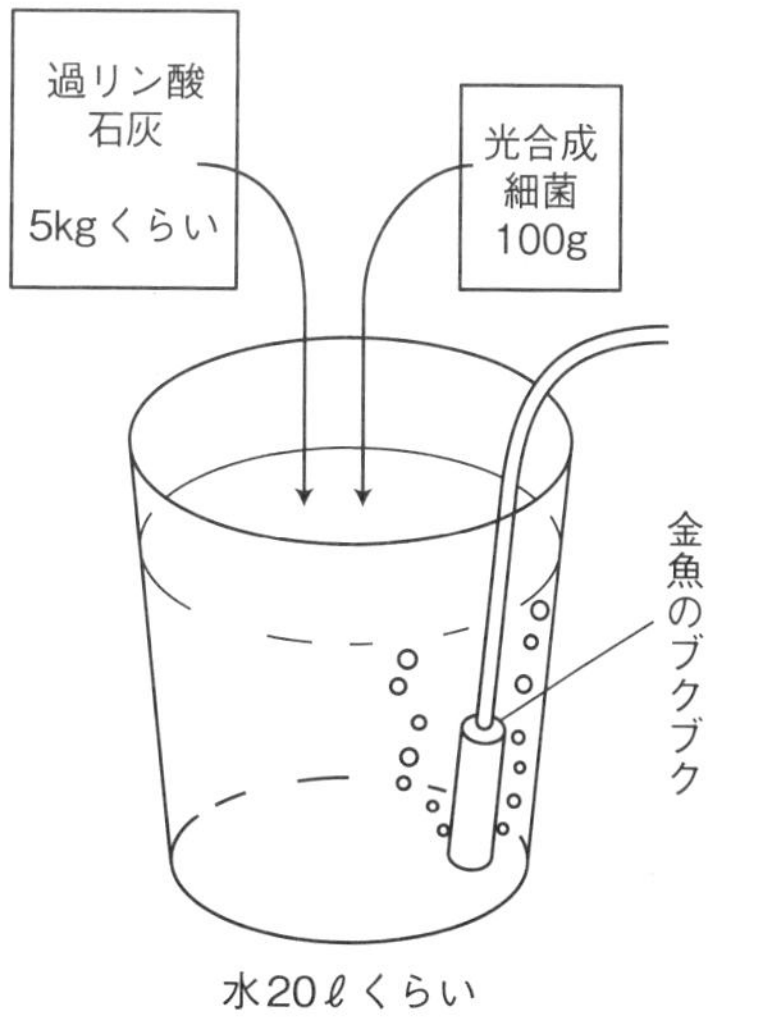

①水20ℓくらいに過リン酸石灰（粉状）5kgくらいと、光合成細菌（＊）100g、黒砂糖300gか糖蜜1ℓを混ぜ合わせる
②金魚のブクブク（エアレーション）で空気を送る
③仕込んで1週間ほどで生臭いニオイになったら使う
＊光合成細菌は「TaKaRa PSB」。現在、製造が中止されている
（大阪府島本町 TEL 075-961-5120）
＊光合成細菌の代わりに酵母菌（スーパーで入手できるドライイースト）50gでもよい。この場合pH調整は不要

現代農業二〇一〇年八月号　肥料急騰どげんかせんといかん！　肥料代を安くする手法　その6　発酵させると効く　過石を光合成細菌に食わせた菌液はゼッタイ効く

クズ大豆と鶏糞で光合成細菌液肥

福島県伊達市　田中保男さん　編集部

二つの特製手づくり液体資材

福島県伊達市の田中保男さんは、米ヌカとクズ大豆でキュウリをつくる。一〇a当たり米ヌカ七五〇kgとクズ大豆六〇〇kg。ほかにはＰＫ肥料を少しやるくらい。これで春から秋まで年二作つくる。二作目のキュウリは不耕起栽培だ。

ただ、かん水といっしょに流す特製の抽出液と液肥がある。どちらも手づくりで、一つは竹肥料を熱湯に入れて成分を溶け出させた抽出液、もう一つはクズ大豆と発酵鶏糞をタンクの水に浸けて腐らせた液肥だ。竹肥料抽出液は前から使っているが、クズ大豆・鶏糞液肥を使うようになったのは三年前から。そしてこの液肥には光合成細菌が入っている。

実が太りすぎて困るほどのパワー

大豆はタンパク質が多いから、水の中で腐らせたりしたらたいへんな悪臭がする。ところが、知り合いの業者から分けてもらった光合成細菌を加えると、それが緩和することがわかった。

光合成細菌は、有機物が分解してできる有機酸や硫化水素をエサに増殖する。もしや、と思った田中さん。悪臭が減ったタンクから上澄みをペットボトルに入れて光に当ててみると、液の色がどんどん赤くなってきた。タネ菌にしたもとの培養液よりも赤い。ペットボトルの内側に、真っ赤な色素がベットリ付着するほどだ。始めからねらったわけではなかったが、光合成細菌の自家製培養液肥ができてしまった。

キュウリのかん水に混ぜてみると、樹の勢いが俄然強くなる。育ちが早くなるし、実も太くなる。生育の前半から使うと、実が太りすぎて困るほど。竹肥料抽出液も、キュウリが「元気がないなあ」と感じたときに流してやると効果があったが、パワーという点では光合成細菌液肥のほうが数段勝る。いや、かん水には始めから終わりまで竹肥料抽出液も入っているから相乗効果か。とにかく芽の吹きもすごくて、何節かおきに子づるが二本ずつ出るようになる。

クズ果減、一t増収

このパワーをうまく制御しようと考えた田中さん、今年の春作では、光合成細菌液肥をかん水に混ぜるのは、側枝の実をとり終えるまでガマンすることにした。五月の連休明けから収穫を始めた春作の六月中旬ごろ。以後は、一週間に一回、かん水のたびに混ぜてみたところ、残り約一カ月、七月二十日に収穫を終えるまでのラストスパートにピッタリはまった。キュウリの実がよく太るのでクズ果が減ったのだ。そのぶん収量も、昨年に比べると一t近く多い。一〇a当たり九tとれている。

キュウリが素直に育ったからだろうと田中さんは思っているが、今年は病気が少なかったのも特徴だ。雨が多かったのに消毒は六回ですんでいる。最後に収穫したキュウリを、買いもの用のポリ袋に入れて放置しておいたら、二週間たっても腐らなかった。抗酸化力の強いキュウリになったのだろうか。

田中さんが思うに、光合成細菌液肥はかなりおもしろい。しかも、それが手づくりできる。流したとたんにビーンと反応して生育が早まるのを活かせば、台風が迫って来るようなときにも役立ちそうだ。

現代農業二〇〇九年十月号　クズ大豆と鶏糞で光合成細菌液肥

田中さんの光合成細菌培養液のつくり方

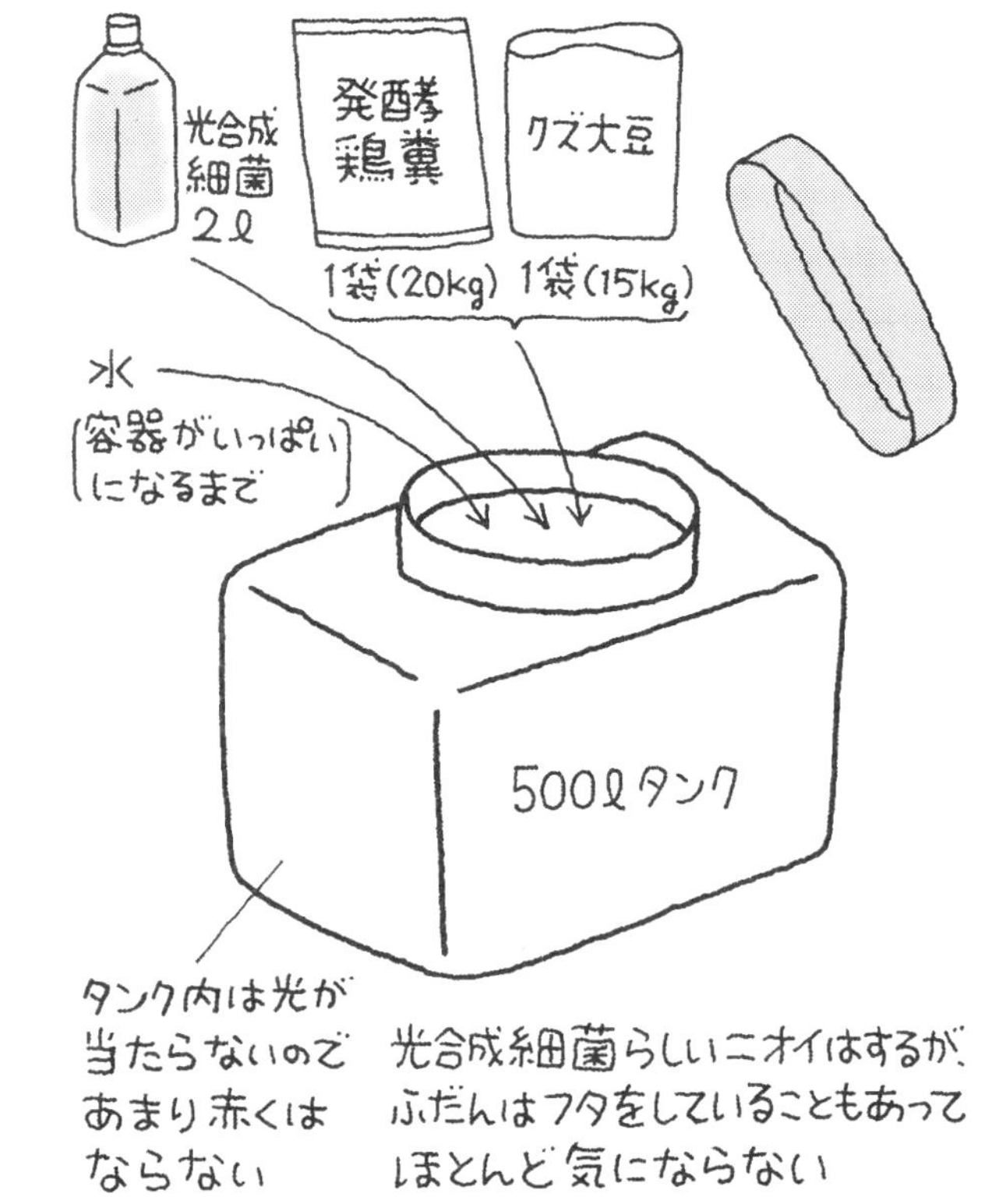

竹抽出液のつくり方

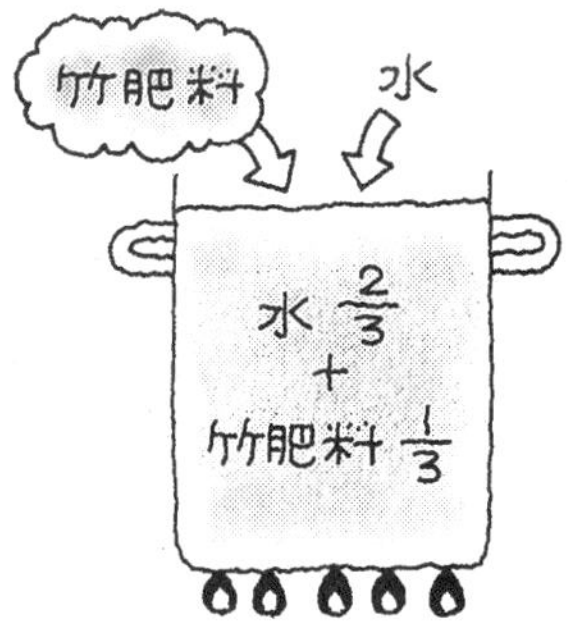

①約20 ℓ のずんどう鍋に2/3の体積の水と1/3の竹肥料を投入。火にかけ、沸騰したら火を止め、竹のエキスを水に溶け出させる

②ひと晩冷ましてから、茶色っぽくなった液体をガーゼでこし、ジョウゴでポリタンクへ

現代農業 2004 年 10 月号　自根キュウリみたいにおいしい！　竹肥料抽出液もスゴイ効果

田んぼの泥から採る光合成細菌で高速回転イチゴ!?

陣内真彦さん　佐賀県多久市　編集部

光合成細菌を流すと日照不足でもイチゴの着色がよくなる

光合成細菌はおもしろい

「ハウスの中にも山の土みたいないろんな菌が殖えれば、肥料や農薬がいらないイチゴがつくれるんじゃないかって思うんです。まさに『神様じゃなくてカビ様』ですよ」

イチゴづくり三〇年になる陣内《じんのうち》真彦さん（五〇歳）は農協のイチゴ部会長を八年間務めてきたベテランだ。裏山の土着菌でボカシをつくったり、酵母菌、乳酸菌、納豆菌の活性菌液「えひめＡＩ」をつくったり、微生物の研究には力を入れてきた。そんな陣内さん、いまとくにおもしろいと思っているのが光合成細菌である。

「病気が抑えられるし、肥料も減らせる。今年は日照不足で「イチゴの着色が『こない、こない』って騒がれていたけど、それがきれいに着色した」

炭そ病で枯れた圃場が復活

陣内さんが光合成細菌に惚れ込んだのは四年前のこと。田んぼを基盤整備して建て替えた二〇〇坪のハウスに異変が起きた。九月中旬に植えたイチゴの苗が炭そ病で次々に枯れていったのだ。もう必死になって、やられていないハウスの株のランナーから苗を採り、植え直す日々。ようやく本数が確保できたのは十二月の終わりになっていた。

「ワラにもすがる思いでしたからね。植え替えながらかん水のたびに放線菌入りの資材を流したんです。放線菌は炭そ病を抑えるっていうでしょう。一ℓ一万円もしたけどかなり流しました。このとき光合成細菌も使ってみたんです。あの菌は死ぬと放線菌のエサになって放線菌が殖えるっていうでしょう」

光合成細菌資材も高価なものだったが、背

に腹は代えられない。しかし懸命な対処のおかげで、植え替えた株は枯れることなく順調に生育。春先は驚くほど元気になり、次々に大玉がとれた。結果的には全体（七五〇坪）の収穫量が落ち込むこともなく、平年並みにとれたのだ。

田んぼの中で陣内さんが指さしているのがほんのり赤くなった溜まり水。ここに光合成細菌がいる

ニオイを嗅ぐと、たしかにドブくさい感じ

自家栽培した光合成細菌。魚エキスを培養すると黒っぽくなる。えひめAIと混ぜて使うとパワーアップ

光合成細菌を自家培養

元菌は秋の田んぼの溜まり水

悪夢のような事態を救ったのは放線菌入り資材の効果もあっただろうが、光合成細菌の力も大きいと陣内さんは思った。しかもさらに、高価な資材を買わずとも、光合成細菌なら、やろうと思えば自分で培養できそうだ。

そこで陣内さん、いろいろな本を読んで研究。光合成細菌は田んぼにいる土着菌でもあることも魅力だった。

十月下旬頃、イネ刈りを終えた田んぼに行くと、コンバインで踏んだ溝に水が溜まっていた。それが赤っぽく見えたのだ。近づいてみると油が浮いたような赤茶色の水。柄杓ですくってニオイを嗅いでみると、なんと光合成細菌特有のドブくさいような感じ。「これは使えるかも」と、すぐに一・五ℓのペットボトルにその水を汲み、本に書いてあった魚エキス（アルギンゴールド）をエサに培養してみた。

二週間ほどして、色がだんだん赤らんできた。フタをあけると、あの強烈なニオイ。市販の光合成細菌と同じだ。

「これならいけるって確信しました」

お母さんの羊水と同じ環境で培養

元菌は田んぼから採れることがわかった。次は培養だ。陣内さんはいろいろなエサでテストしてみた。エサによって色やニオイが変わる。奥さんには嫌がられたが、陣内さんはきついニオイのほうが菌密度は高いと判断した。そうして、いちばんニオイがきつく、使いやすいのが魚エキスだった。

一度つくった菌液で拡大培養するときは大概うまくいくのだが、田んぼの泥水から殖やすときは、ニオイが弱くなることがある。そんなときは資材屋さんに密かに教えてもらったというポリペプトン（微生物を培養する薬品）をほんの少し入れてやる。すると菌が一気に殖えるのだ。

もうひとつ欠かせないのが天然塩で、水で二〇〇〇倍に薄めて、そのなかに元菌やエサを入れてやる。実はこの濃度にヒミツがあるそうで「お母さんのお腹の中の子どもを包む羊水と同じ」。つまり、生命がもっとも誕生しやすい環境にしてやるわけだ。真水でやるより格段に早く培養できるという。

ほかの菌と混ぜるとパワーアップ

培養した光合成細菌はイチゴへかん水するときにかん水チューブから流す。このとき、陣内さんは自家培養したえひめＡＩ（酵母菌、乳酸菌、納豆菌の菌液）も一緒に混ぜる。

なにせ「光合成細菌は酵母菌と一緒になると活発に働くようになり、納豆菌や乳酸菌と一緒になるとチッソ固定力が高まる」と光合成細菌研究第一人者・小林達治先生の本に書

陣内さんの光合成細菌の培養の仕方

【材料】

・天然塩を2000倍に薄めた水　15ℓ
・光合成細菌の元菌　200cc
（田んぼの溜まり水から採れる。一度殖やせばそれを元に何度も培養できる）
・アルギンゴールド（魚エキス）　100g
※アンデス貿易㈱
・ポリペプトン（微生物を培養する薬品）
茶さじ2杯　※日本製薬㈱
（毎回入れなくてもいいが、とてもシャープに殖えるので、田んぼの溜まり水から殖やすときと、培養したものを3回くらい元菌として使った後は入れる）
・キトサン20cc
（基本的にポリペプトンと同じ）

陣内さんの光合成細菌と培養のエサ

ちなみに、エサは糖蜜・粉ミルク・ブドウ糖・米のとぎ汁なども使える。これらで培養するとニオイがきつくならない。ただ、陣内さんはニオイがきついほうが菌密度も高いと思うので、魚エキスをベースに使う。

【つくり方】

18ℓの透明の容器（液肥入れ）に、2000倍の塩水を入れ、元菌とエサを混ぜる。容器のフタは少し緩めておく。夏は日の当たるところに置き、冬はハウスの中の暖房機の近くに置く。36℃くらいあれば10～14日くらいで完成。

いてあった。ということは、光合成細菌とえひめＡＩはとても相性がよく、単体で使うよりパワーが増すはずだ。

陣内さんは七五〇坪（二五ａ）のハウスに二つの菌液をそれぞれ三ℓくらい、使う前日に桶に混ぜて曝気しておき、水と一緒に流すようにしている。

日照不足にジベなしでも着色する

光合成細菌入りのパワー菌液を本格的に使うようになって三年目の今年、その威力を強く感じたのが冬場の果実の着色。「さがほのか」は一月・二月の厳寒期に着色しにくいといわれている。さらに今年は一月から三月まで異常なほど曇天が続いた。「実がなっても色が着かないから、ちぎれない。白ろう果（白いまま発酵する）ばっかり」という人が多かった中、陣内さんのイチゴは開花して四〇～五〇日（適正成熟日数）でちゃんときれいに着色した。しかも玉肥大もいい。

「ふつう着色をよくするためにジベレリンをかけて果梗を長くするけど、かけなくてもちゃんと着色するんです。ジベをかけると地上部と根っこのバランスが崩れやすくなるでしょう。でも光合成細菌を使えばジベなしでいけますね」

たしかに光合成細菌は赤色のもとのカロチン色素が、いったん分解されて、作物に吸収され、再合成されて、果実の着色をよくするといわれている。

あと1週間ほどで収穫を終えるさがほのか。5月末だというのに草丈が30㎝とコンパクト。菌液を流すと根がしっかり張り、電照で引っ張らなくても樹勢が落ち込まない

チッソ年間六・五kgの高速回転イチゴ

さらに陣内さん、光合成細菌を使うようになってから、思いきって肥料の量を減らしてきた。元肥は一〇ａチッソ成分で一・五kg。追肥と合わせても六・五kgだけ。地域の標準は二〇kgというから三分の一以下。それでも収量は五ｔ以上とれている（佐賀平野の今年の平均は三・六ｔくらい）。

肥料が少ないのは不耕起のせいもあるのだ

が、光合成細菌と納豆菌によるチッソ固定力の働きもありそうだと陣内さんはにらんでいる。

「肥料を減らすと花芽が順調に上がりやすいんです。「さがほのか」はひとつの果房になる実が少ない（八～一〇個くらい）から、回転率を高めないと収量が上がらない。いかに回転率を上げられるかが勝負どころです」

陣内さんの今年のイチゴは一番果房と二番果房の内葉数が二枚、そのあとはずっと三枚できた。肥料を多く入れると内葉数は五枚六枚と多くつき、「収穫は一カ月以上お休み」なんてこともある。かつてはそういうこともあったが、いまは高速回転イチゴになりつつある。

ハウスで足りないのが天然の雨

陣内さんは最近こんなことを思う。「ハウス栽培で足りないのは天然の雨ではないか……」。山の草木が健全に育つのは、雨が大きく関係しているような気がする。雨が降ると、木の枝や葉っぱから雨水が流れ落ち、落ち葉や腐葉土の層を通って、土へ流れていく。その雨水が、微生物を元気にすると同時に、菌体液肥のようになる。それが健全な土をつくっているのではないか。

ところがハウスは雨を遮断する。落ち葉も腐葉土もないし、微生物を元気にする天然の雨もない。だからこそ、少しでもいろいろな菌を補ってやることが健全なイチゴづくりにつながると思うのだ。

いかに自然の土に近づけるか。そのためにはなるべく地元の菌がいい。陣内さんにとって光合成細菌は、いまや欠かせないものになっている。

現代農業二〇〇八年八月号　田んぼで畑で、有機物が多いところで力を発揮　光合成細菌は根に効く味に効く　根に悪い物質を極上アミノ酸肥料に変える、光合成細菌

土着菌でうどんこ病が抑えられる!?

昨年春、イチゴにうどんこ病が発生したとき、ハウスの入り口付近だけ不思議とやられなかった。陣内さんは裏山の土着菌を採取してボカシをつくっているのだが、その元菌を発泡スチロールに入れてハウスの入り口に置いていたのだ。

「たぶん、こうじ菌がフワフワ飛んでいってうどんこを抑えたんじゃないかなって思うんです。いまはこれを菌液にできないか研究中です」

裏の竹山の落ち葉でつくった土着菌ボカシのタネ

最高のサイレージの秘密は、光合成細菌による発酵スラリー

片岡一也さん　北海道別海町　編集部

片岡牧場の草地（2008年6月9日撮影）。牧草の収量は10aあたり約5 t
（写真提供：扶相）

片岡一也さん。経営規模は搾乳70頭、乾乳10頭、育成77頭。草地面積83ha。年間平均乳量は約7300kg。

肥料代の高騰で、堆肥の注目度がますます高まってきた。

糞尿を本当に価値あるものに高めて、草地に畑に、家畜に役立てるには、いろんな微生物の助けが欠かせない。

牛の病気で廃業の危機

「本当だよ。これ以上病気が減らないならやめるしかないな、と思ったもん」

優れた草地として各地から視察が絶えない片岡牧場だが、実は二十数年前、牛の病気の多発で廃業の危機に陥っていた。

きっかけは、二五年前の規模拡大。新しい牛舎を建て、牛を三〇頭から一気に五〇頭まで増やした。地下型の糞尿貯留層も設置したが、糞尿は予想以上のスピードで貯まっていった。二年目の春にはもう満タン。やむなく大量のスラリーを春先の草地にぶちまけた。

そして、その年から、牛の体がおかしくなった。

飛節が大きく腫れる。爪に障害が出てまともに立てない。繁殖障害はもちろん、食欲も落ち、乳量も落ちた。廃用牛も続出。牛舎新築早々、経営は大ピンチになってしまった。

「あーこれはスラリーのせいだな」、片岡さんと父親の正さんの意見は一致した。新しい牛舎を建てるまでは、糞と尿を分け、堆肥をつくっていた。完熟した堆肥を使うと草の色がいいし、いいニオイのサイレージができていた。だが、今回はほとんど生のスラリー。しかも、牛を二〇頭も増やしたのに、草地面積は同じ。面積当たりの散布量も多すぎた。

スラリーの発酵はむずかしかった

「スラリーをどうにかできないか」、片岡さん親子は、スラリーを発酵させる方法を調べまわった。

新設したスラリー貯留槽。光合成細菌のせいか表面がうっすらと赤みがかっている

　そんななかで出会ったのが、芽室町にある「扶相《ふそう》」という肥料会社。有機質肥料・発酵肥料の開発、販売がメインで、各地で農家の指導も行なっていた。当時まだ酪農用の資材は取り扱っていなかったが、片岡親子の切実な要望に応えて資材の開発がはじまった。

　スラリーは糞と尿を一緒に貯め込むので、ドロドロの形状。ほぼ嫌気状態のため、通常の堆肥づくりのように好気発酵させることがむずかしい。

　まずは魚粕と放線菌の菌体をスラリーに入れてみた。ボツボツと泡が出て、ねずみ色のカビが表面に生えた。ニオイも多少減ったが、サイレージの品質はよくならなかった。

　片岡さんと扶相はその後も粕類、アミノ酸、菌体などあらゆる発酵に役立ちそうな資材を試験した。

光合成細菌がスラリーを変えた

　明らかに効果があったのが、「光合成細菌」だった。入れると、スラリーのニオイがぐっと減った。

　光合成細菌は明るい嫌気状態を好む細菌。糞尿中の硫化水素や有機酸、アンモニアなど、作物にとって害になるものをエサに光合成を行ない、植物に有用なアミノ酸をつくる。

　ただ、光合成細菌の培養液だけでは菌が長く動かない。試行錯誤の末、光合成細菌のほかに魚粕・ダイズ粕、糖を加え、さらに乳酸菌、酵母菌、納豆菌などの菌体も配合した資材（商品名「発酵コウソ液」）が完成。スラリーに入れるとアンモニア臭がなくなり、スカム（固形分の大きなかたまり）も激減してサラサラになった。

　前年測定したスラリーの臭気レベルは二二。地域平均二四二に比べて大幅に少ない。散布のときは光合成細菌特有のニオイが少しあるが、散布後はすぐになくなる。

　発酵コウソ液の標準使用量は一〇〇tに対して四〇～六〇ℓだが、片岡さんは現在一〇〇t当たり二五ℓくらいを春に投入している。何年も使っていると貯留層に菌がすみつくのか、量を減らしてもよい発酵になる。

腐敗菌より発酵菌を優勢にするには

　扶相の松浦元治社長に発酵コウソ液が効くしくみを聞いた。

「スラリーを生のまま草地にまくと、有機物が土中の微生物（アンモニア化成菌、硝化菌など）に急激に分解されて、大量のアンモニア、硝酸が発生します。草は必要以上にチッソを吸うので、硝酸過多の有毒な草になります。また、雨が降れば流れて地下水を汚染します。これらの有害な菌に有機物を使わせないように、あらかじめスラリー中に光合成細菌や各種の有用菌を優占させておくのが発酵コウソ液のねらいです。

スラリーは嫌気的環境ですし、スラリー中の有機物は難分解性センイなど、菌も利用しにくいものばかりなので、ただ菌を入れただけでは動きにくいです。そこでタンパク、アミノ酸、糖、ミネラルなど菌が大好きなエサもたっぷり入れてスラリーに投入すると、まずはそのエサで菌が増殖します。力が強くなったところで、スラリー中の有機物にも食らいついていきます。

発酵スラリーを草地にまいたあとも、有用菌が優勢に働くので、腐敗（アンモニアや硝酸の増加）型になりにくいのです。さらに、乳酸菌の乳酸はミネラルやリン酸をキレート化して、植物に吸われやすくしてくれます。

それから、スラリーのpHを矯正しておくことも大事です。生糞尿のpHは七・二〜七・九の弱アルカリ性で、腐敗菌が好きな環境です。これを酸性の液体（モミ酢など）で中性〜弱酸性に調整すると、酸性が好きな有用菌が活発に働き、酸性が苦手な腐敗菌を抑えることができます。光合成細菌はアルカリを好みますが、中性や酸性でも活動できるので問題はありません」

片岡さんも、スラリー散布前にはモミ酢主体の資材（商品名「エコアシード」）でpH調整をしている。

春スラリーがサイレージの発酵品質を悪くしていた

スラリー発酵資材の開発と並行して片岡さんは草地も増やし、スラリーの散布量も一〇aあたり年間二〜二・五tと、地域の平均以下に落ち着いた。

牛の体調もよくなり、獣医さんを呼ぶこともめったになくなったが、片岡さんはまだ不満だった。まだ牛の食いが悪いような気がする。できあがったサイレージのニオイも満足できない。サイレージの品質を示すVスコアも七〇にとどまっていた（八〇以上が「良」）。

原因には思い当たることがあった。スラリーの春散布（春スラリー）だ。

別海では、一番草収穫の約一カ月前の五月中下旬にスラリーをまく酪

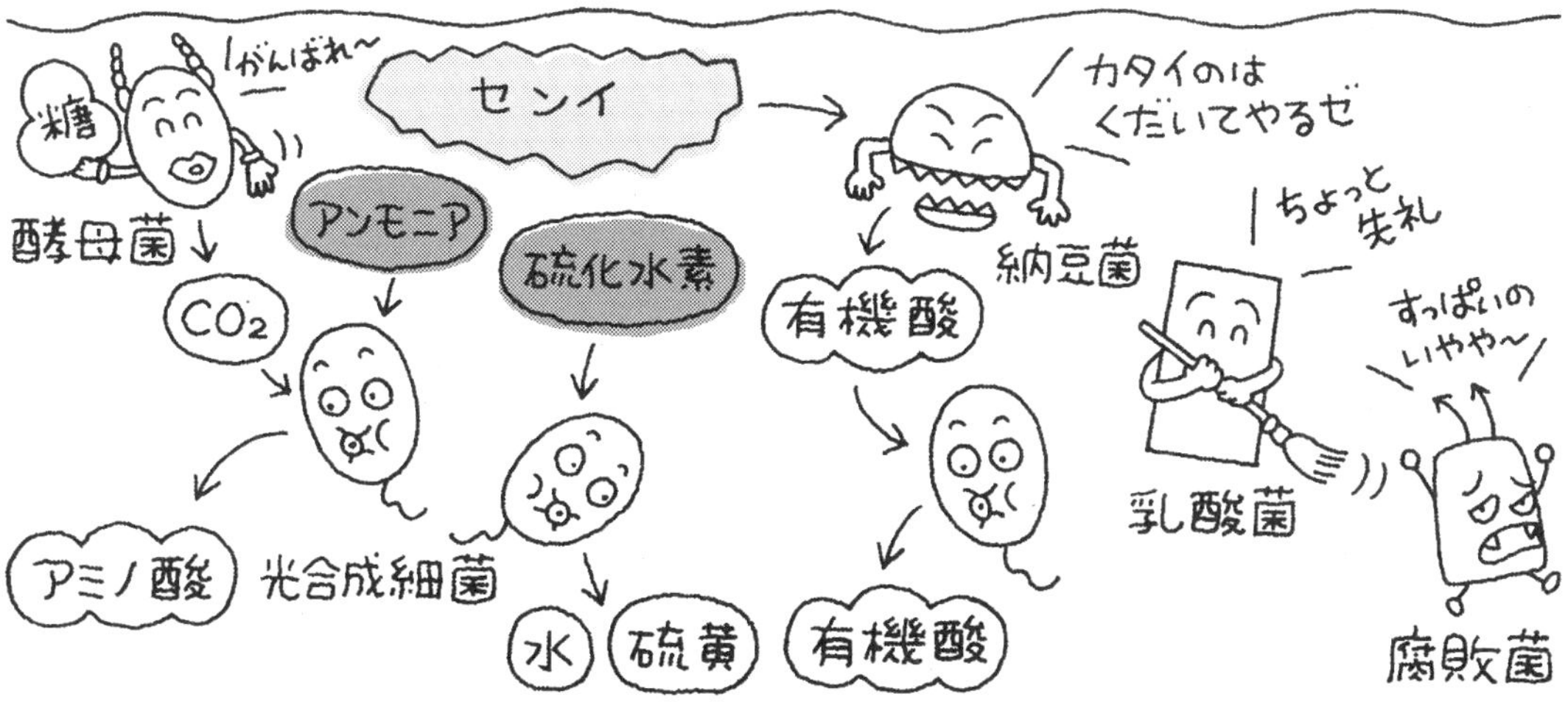

発酵コウソ液を入れたスラリーのなかのイメージ
糖やタンパクなどを食べて元気になった菌たち（光合成細菌、酵母菌、納豆菌、乳酸菌など）は、互いに助けあって勢力を拡大。スラリー中のセンイや硫化水素やアンモニアなどが分解され、アミノ酸などが再合成される。スラリー中の有機物をねらう腐敗菌は乳酸菌の出す酸に弱く、活動が抑えられる

片岡一也さんのサイレージ分析（2009年3月、数値は乾物中の値）

成分

項　目	分析値	地区平均
pH	4.08	4.23
粗タンパク質（CP）	11.69	11.32
可消化養分総量（TDN）	61.74	58.96
酸性デタージェント繊維（ADF）	37.51	41.88
総繊維（OCW）	64.66	70.28
非繊維性炭水化物（NFC）	15.87	10.51
硝酸態チッソ	0.005	0.003

発酵品質

酸組成	分析値	目標値
乳酸	2.97	1.5～2.5
酢酸	0.34	0.5～0.8
酪酸	0.05	0.1以下
Vスコア	92.32	

pHが低く乳酸が多くて酪酸が少ない理想的な発酵。繊維も多すぎず、牛の採食量も多そうだ。サイレージ調製時に、酵素入り乳酸菌資材「アクレモコンク」（雪印）を添加

農家が多い。「まかざるを得ない」のだ。この時期を逃すと、次にまけるのは一番草収穫後の七月になってしまう。それでは貯留層があふれてしまう。片岡さんも貯留層の事情で春・秋の二回に分けてスラリーを散布していた。

春スラリーがよくないことはうすうす感じていた。散布から一カ月弱で収穫になるから、スラリーの汚れが草についたまま刈り取ってしまい、それが雑菌を殖やしていると感じていた。秋に堆肥を散布する酪農家のサイレージの品質がいいのもヒントになった。

片岡さんは一大決心して、新しいスラリーの貯留層を新設した。スラリーを散布するのは秋、二番草刈り取り後（九月末）。このときに一年分をまく。別海ではこの頃から牧草はあまり生長しなくなり、来年に備えて根元に養分を蓄積していく。この時期に発酵スラリーをまいておくと、アミノ酸が根から吸われて来年のために蓄積されるのではないかと考えた。

そして翌年。サイレージは甘酸っぱい乳酸のニオイがして最高の出来（表）。Vスコアは九二！　牛も今まで以上によく食べる。ようやく満足できるサイレージができた。

「いい草つくるために、土に微生物を殖やしたい」

片岡さんは、有機質肥料も長年草地に使っている（チッソ一〇％、一〇a四〇kg施肥）。「堆肥やってるのになんでわざわざ有機を使うんだ？」と、周りの酪農家から変人扱いされることもあるが、気にしない。土中でたくさんの微生物が活動しているから、エサとなる有機物をいっぱいやりたいのだ。

牛の胃腸の微生物も大事にするため、飲み水には活性誘導水（ミネラルと腐植を含んだ水）を添加。糞や牛舎のニオイがなくなり、スラリーの発酵状態もさらによくなっているようだ。

微生物が土を耕している

片岡さんの草地は一m掘っても耕盤が見当たらない（写真）。「微生物が土を耕してくれているおかげ」と片岡さんはみている。通気性、排水性に加えて適度な保水性があり、土壌の裸地化や草種の変化が起きにくい。二〇年以上更新しない草地もあった。耕起が少ないせいか、土のなかにはミミズなどの小動物も豊富にいた。

「周りからは『スラリーや肥料に金かけて』とか言われるけど、病気になって獣医に何度も来てもらうほうがよっぽど高くつくよ。土づくりにはしっかり投資するのがぼくのやり方。土を微生物でいっぱいにして、牛が喜ぶサイレージをつくって、草で乳を搾るようにしていけば、牛も草地も長持ちして余計な費用がかからない。牛と土を大事にすると酪農はうまくいくと思うんだよね」

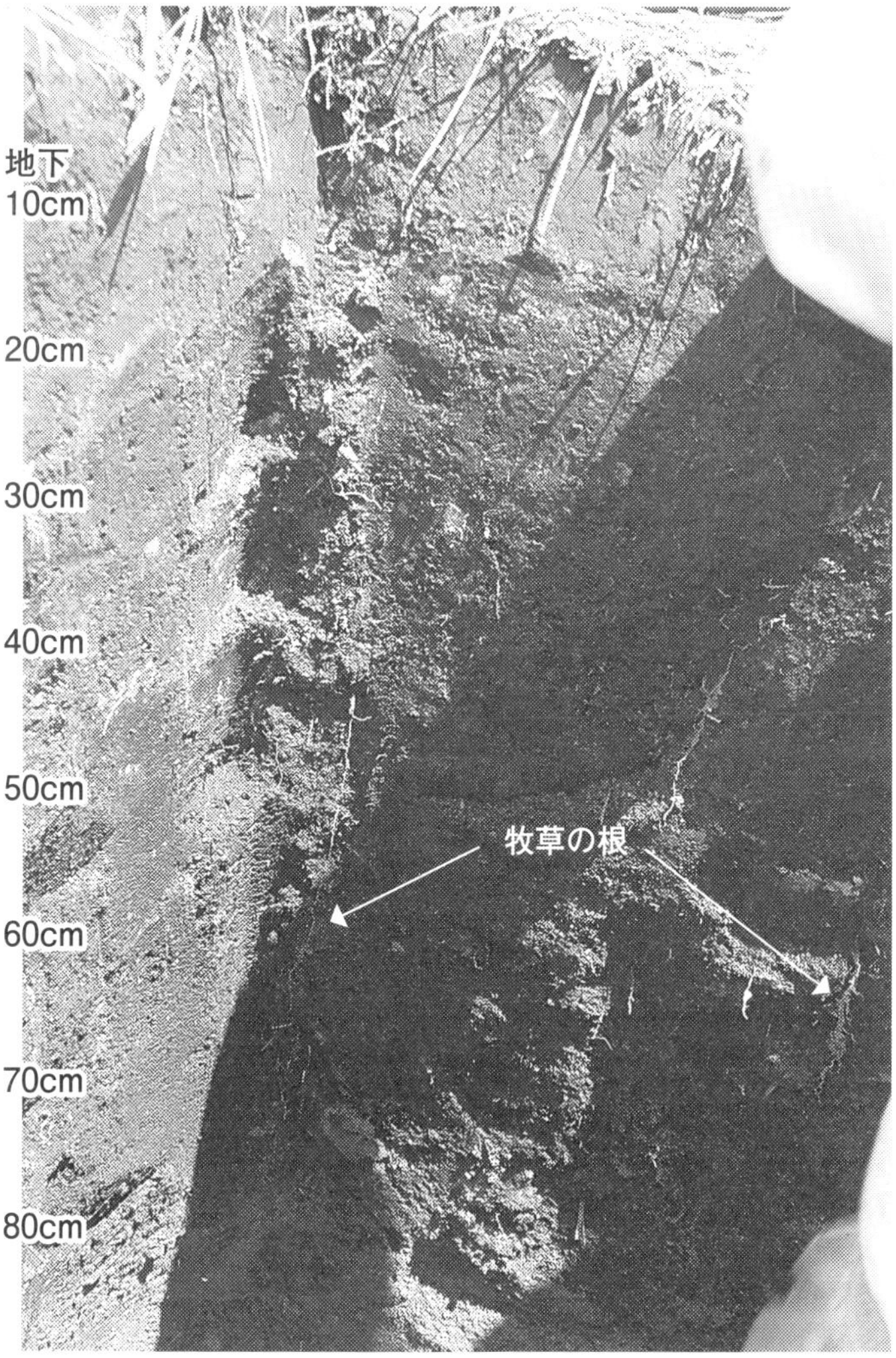

片岡さんの草地の土の断面。地下70cm以上根が到達していた。耕盤もなく、かんたんに1m以上掘れる（写真提供：扶桐）

現代農業二〇〇九年八月号　最高のサイレージの秘密は、発酵スラリー

毎日使う光合成細菌　畜産が変わる
とにかくおいしい卵になる！

久間康弘　和食のたまご本舗（株）

ブランド化した「和食のたまご」。光合成細菌をエサに添加し黄身の色が鮮やかに

養鶏業で最も問題となるのは鶏糞の処理とそれに伴う環境問題です。どうやって収益を上げていくかということも大切です。また鶏の健康管理も大事なことです。これら三つの問題が養鶏業の問題点と言えるでしょう。

私は光合成細菌を使うことで、この三つの問題点が改善できることを実感してきました。その取り組みを紹介したいと思います。

「和食のたまご本舗」は福岡県南部に位置し、卵をパック詰めするＧＰセンター、堆肥化施設、一〇万羽と九〇〇〇羽の直営農場を有し、平飼い養鶏にも取り組んでいます。このうち九〇〇〇羽の直営農場と平飼い養鶏で光合成細菌を使っています。飼料に添加する方法と、鶏舎内に直接散布する方法の両方を行なっています。

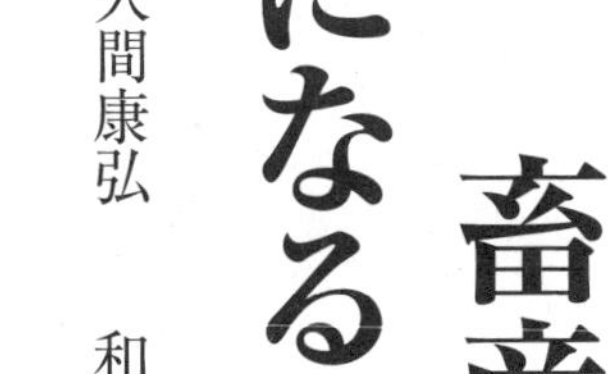
筆者。息子と

悪臭だらけの農場を光合成細菌できれいに

光合成細菌を使いはじめて一六年になります。きっかけは、農場のニオイやハエの発生が多く、その環境改善に取り組んでいたときに、光合成細菌の権威である小林達治氏に利用をすすめられたことでした。

廃業した養鶏業者から九〇〇〇羽の養鶏場を引き継いだばかりの頃、ケージの下には鶏糞が大量にたまって環境が悪化していまし

動噴で鶏舎に毎日、光合成細菌を散布

た。堆積する鶏糞は下の部分から嫌気発酵して水が発生。当然ハエが大量発生して、黒く液状化した鶏糞にはきつい悪臭が立ちこめていました。ニオイと衛生環境が悪いせいか産卵成績も上がらず、問題だらけの状態でした。

高圧洗浄機を使って鶏舎に光合成細菌を散布しながらきれいにしていき、たまった鶏糞は別の場所に設置した堆肥化施設に搬入。鶏糞があまりに膨大だったので、きれいに片付くまで五年かかりましたが、光合成細菌のおかげで鶏舎のニオイはかなり軽減され、産卵量も品質も改善しました。

木酢液と混合すると効果アップ

光合成細菌は今も場内に毎日散布します。凍結された製品を購入し、散布するまえに解凍し、水で薄めて使います。

光合成細菌を散布するメリットとしては、チリやホコリを除去する、ニワトリにかかっても大丈夫、夏場の暑さ対策、臭気を抑える、鶏の病気予防、農場全体の環境改善があります。

一〇〇〇倍希釈の木酢液を混ぜるのもポイントです。光合成細菌とあわせ木酢液を適宜使えば、光合成細菌の状態が安定し、菌単体よりも散布時の効果が高まることが長い経験の中でわかってきました。

卵が断然おいしくなる！

光合成細菌は卵にもよい影響を与えました。エサに光合成細菌を配合すると卵黄色が濃くなり、ビタミンをはじめとする各種栄養成分も高まり、味もよくなると、特殊卵（付加価値をつけて差別化した卵）になる条件をすべて兼ね備えました。エサの場合も木酢液を添加します。光合成細菌の状態が安定し、卵黄膜が強くなります。

中でもいちばん実感しているのが、味が抜群によくなることです。鶏卵価格が下落する中、私が自社の卵をブランド化しようと思ったのも、光合成細菌で味が格段によくなって自信を深めたことが足がかりになりました。

養鶏に限らず、農業全般でどうやったら売れる品物をつくるのかを考えている方には、

光合成細菌入りのエサを食べる鶏。鶏糞はゲージの下に落ちて堆積する

「おいしい」作物をつくる技術として光合成細菌の利用をご一考いただければと思います。

光合成細菌を飼料に使った卵は、加熱すると色が増すのも特徴です。丼ものをつくっているところからは、必ずこの卵を持ってくるように言われ、お菓子屋さんでは色鮮やかにできると評価していただいています。

一九九四年にこの卵を「和食のたまご」と名付け販売を始めました。当時は今のようにブランド卵は少なく、一個三〇円で売れるか心配でした。しかし、福岡県南部を中心に宅配サービス会社やスーパーで扱っていただいたところ、一定量が売れるようになっていきました。現在でも福岡、佐賀、熊本の各県で販売しており、とくにここ三年で三倍も売れるようになってきています。

出荷先では広島の卵かけご飯専門店「たまー」さんなど、こだわりを持っているところが増えています。現在も改良を日々重ね、八《や》女《め》茶やヨモギなど一七種類以上の副原料を加え、味を考えた卵をつくっています。

エサに混ぜる副原料。中段右から3番目の液が光合成細菌

有用菌で農場を満たし、病気の侵入を防ぐ

光合成細菌のメリットは他にもあります。鶏がより健康になります。

呼吸器系の病気予防に効果が見られまし

鶏糞は放線菌で高温・高速発酵

　鶏糞の堆肥化は、吉田忠幸氏考案の「密閉併流減圧式発酵システム」を採用しています。好アルカリ菌である放線菌を主体とした微生物を添加し、密閉空間で発酵熱を循環させ、90℃以上の高温で短時間に堆肥をつくっていきます。最も発酵しているときの温度はじつに100℃に迫るのです。

　このシステムを使うことで、成分的にも最良の堆肥ができるようになりました。ふつう鶏糞はチッソ分が多く、農地に大量に投入すればチッソ過多となるおそれがあります。しかし、この方式でできた堆肥は通常の発酵鶏糞よりチッソの含有量が少なく、たくさん投入しても効きがマイルドです。放線菌を豊富に含むため、土壌病害の抑制にも効果が期待できそうです。

　お茶はチッソ分が多いと葉が黒く硬くなるので、近くの八女の茶生産農家は今まで鶏糞の使用を控えていました。ですが、この発酵方式で処理した発酵鶏糞に光合成細菌を加えたものを製品化し、生産者に使っていただいたところ、チッソが効きすぎずおいしい茶ができると好評を得ています。

た。呼吸器系の病気が蔓延し、産卵成績が低下していた農場に光合成細菌の利用をすすめたところ、一〇日間で産卵成績が五％前後回復しました。これをもって病気が治癒したと結論づけることはできませんが、自然治癒ではここまで早く回復することは少ないです。光合成細菌には抗ウイルス効果があり、ウイルス性の病気の予防も期待できます。

　農場の床には、放線菌を含む発酵鶏糞も戻し堆肥にして敷き詰めています。水分量の多い生糞が上から落ちてきますが、発酵鶏糞は水分量が少ないため、生糞の水分を吸収して乾いた状態に落ち着いていきます。

　鶏のいる鶏舎上部は光合成細菌、鶏糞のたまる下部は放線菌と、有用菌が圧倒的に優位な環境を形成して外部からの病原菌の侵入を防ぎます。このことは、農業で土壌の微生物環境を整えることと同じととらえています。

　光合成細菌をこまめに場内に散布するのはたいへんな仕事です。大規模養鶏ではできないことです。

　鶏一羽一羽と向かい合うという大事な部分、至極当然のことが、最近軽んじられてきているように見受けられます。光合成細菌を通して鶏と丁寧に向き合い、おいしい＝安全、安心、そして価値ある卵、という食の基本を押さえる卵の生産販売を、今後も継続していきたいと思います。

（和食のたまご本舗（株）代表取締役社長）

現代農業二〇〇九年十二月号　毎日使う光合成細菌
畜産が変わる　とにかくおいしい卵になる！

クスリを使わず活力いっぱいの種モミに

温湯処理＋光合成細菌　早く芽が揃い、太い苗

伊藤建一　秋田県五城目町

以前は、種モミは農協から購入していた。これにはイモチ病・バカ苗病・モミ枯れ細菌病の予防にヘルシードとスターナーがコーティングされており、青黒くなっていた。浸種すると、毎日水を取り替えても、薬の青い色が溶解してくる。水を取り替えないと発芽不良になりそうなほど厚くコーティングされていた。

　これからの時代、減農薬減化学肥料の特別栽培は安全・安心・健康を創り出すキーワードである。限りなく有機栽培に近づけたいと思い、農薬はできるならば使いたくなかった。

温湯処理で催芽液のネバネバが増えた

一昨年、農薬でコーティングされていない種モミを試験用に購入し、温湯処理器「湯芽工房」で温湯処理をしてみた。ただし播種はせず、ハトムネ催芽器での芽出しまで。

　試験の結果、発芽率には問題なく、しかも芽出しのときに種モミから出るネバネバが非常に多くなった。ネバネバで催芽器のシャワーが詰まり、途中で水を替えなくてはならないほどだった。これは、発芽準備が順調に進んだということである。

　そこで昨年は、三三〇〇枚を全部温湯処理したが、目で見た限りで病気の苗はなかった。

　「湯芽工房」の難点は湯が沸くのが遅いことである。あらかじめお風呂用の四〇℃くらいの湯を入れると、少しの時間で六〇℃に達する。また、一度に入れるモミの量は少なめにしたほうが温度が低下しにくい。

光合成細菌で種モミに刺激を与える

苗のよしあしは種モミの芽出しで決まる。芽を均一にしないと苗が揃わなかったり、欠株が出たり、苗箱として使えないものが出たりする。休眠のままのモミは腐敗病の原因にもなるので気をつけたいものだ。

　昨年、種モミを刺激して芽出しの準備をしてもらうため、浸種に使う水とハトムネ催芽器のお湯、どちらにも光合成細菌を加えた。いずれも一〇〇〇倍液とした。光合成細菌は種モミにシグナルを送る。また、病原菌を溶かす働きもあるようだ。

　温湯処理＋光合成細菌の種モミ処理には薬剤消毒と同等以上の効果があると思われる。これまで催芽に一日半かかっていたのに、昨

筆者

温湯処理には発芽抑制物質を不活性・溶脱させ、発芽揃いをよくする効果があるといわれている
（撮影 倉持正実）

年は丸一日で芽が揃った。出芽した芽も太く揃っていた。

光合成細菌は自家増殖で

光合成細菌は三河環境微生物さとう研究所の元菌を購入して、夏に自分で増殖している。気温が高いとき（三〇℃以上）は一週間あればかなり濃厚なものができるが、まだ気温の低い六月ごろにつくるときは二週間くらいかけたほうが、よいものができる。ニオイが強く、色が濃くなるのがよく仕上がった菌である。

プール育苗にも光合成細菌を流し込む

昨年から、毎朝のかん水が不必要になることを狙って、プール育苗を始めた。プールにも光合成細菌を使用すると、光合成細菌が栄養分をつくり出してくれるので、苗への追肥がいらなくなる。苗には独特の光沢が出る。

一回目は苗が一・五葉くらいのときに、水と一緒に苗箱四〇〇枚につき八〇〇ccの光合成細菌を流した。二回目は一五日後。生育の劣るところには田植え前にもう一度やるとなおよいと思われた。

光合成細菌を使用した苗は本田に移植されてからの根つきがよい。苗が太く育つので分けつが順調に進む。

五〇株植えで一八〇〇～二二〇〇本くらいになり、疎植なので病気にも倒伏にも強い、熟色のよいイネができる。

（秋田県南秋田郡五城目町大川東屋布一四五）

「湯芽工房」（株）タイガーカワシマ　TEL〇二八二—六二—三〇〇一

「光合成細菌」三河環境微生物さとう研究所　TEL〇五六四—四八—二四六六

現代農業二〇〇五年三月号　クスリを使わず活力いっぱいの種モミに　温湯処理＋光合成細菌　早く芽が揃い、太い苗

元肥はこれでOK 発酵モミガラ堆肥をウネだけ施肥

布施信夫さん　千葉県旭市　編集部

光合成細菌液で発酵させたモミガラ堆肥。アミノ酸とモミガラのケイ酸が効く!?

アミノ酸とケイ酸パワーのモミガラ発酵堆肥

肥料高騰をきっかけに光合成細菌液で液肥を手づくりするようになった布施信夫さん。光合成細菌で発酵させたモミガラ堆肥だけで野菜を多収している人がいると知り、堆肥づくりも始めた。

材料は自分の田んぼからとれるモミガラとワラのほか、米ヌカ、おからと、身近なタダのものばかり。ここに光合成細菌液をかけると、分解しにくいと思っていたモミガラもあっという間に発酵を始め、四〇日で堆肥が完成する。「発酵させると、モミガラのケイ酸が三倍効く」のがねらいらしいが、光合成細菌がつくったアミノ酸も効くにちがいない。光合成細菌は有機物が発酵するときに出る有機酸などをエサに、アミノ酸を分泌することが知られている。

肥料高騰前は元肥に配合肥料をたっぷり使っていたが、今は元肥はこのモミガラ堆肥と少しの塩化カリ、過リン酸石灰のみ。追肥で化学肥料の発酵液肥を流す。前作の残肥もあるようだが、アミノ酸とケイ酸のパワーなのだろうか、初期生育は問題なくスムーズ。堆肥自体の肥料分は少なそうだが、モミガラと光合成細菌が絡んだ堆肥には何やら不思議なパワーがあるようだ。

この堆肥をウネだけにまくのが布施さんのやり方だ。

枠付き一輪車でラクに大量に運ぶ

「肥料を全面にやると、効かせる必要がない通路にも入っちゃう。ムダになるんだよ。ウネだけに入れれば、堆肥の量も少なくてすむし、堆肥が根のそばに集中するから効きもいい」

そう考えた布施さん、管理機でウネの中心に溝を切り、そこへ一輪車で堆肥を入れた。ただし、堆肥を一輪車で運び入れる作業も容易じゃない。堆肥は軽くてかさばるので一回にいくらも載せられない。そこで一回にた

光合成細菌による発酵モミガラ堆肥のつくり方

モミガラ堆肥をつくっているところ。液肥をつくるのと同じハウス

① 材料を積み込んで沈ませる

1段分の材料

- モミガラ…2m×6mの広さに膝の高さまでの分
- イナワラ…モミガラと同量
- 米ヌカ…40kg
- おから…60kg

(1) 1段分の材料を2段くらい、へその高さくらいに積む
(2) 光合成細菌50～100倍液をかける（かん水チューブで送る）
(3) 1週間～10日おいて材料が沈んだらまた2段くらい積む

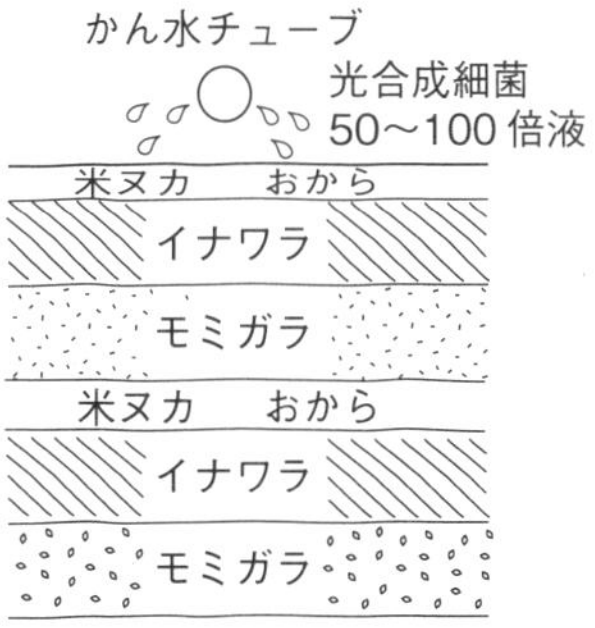

② 尿素を加えて切り返す

(1) 4～5段分積んだ材料が沈んできたら、ひと山分（幅・奥行き1m、高さ60cmくらい）を切り返しの場所に移す
(2) 発酵促進のために、ひと山に500gの尿素を加える
(3) 10日に1回のペースで切り返す

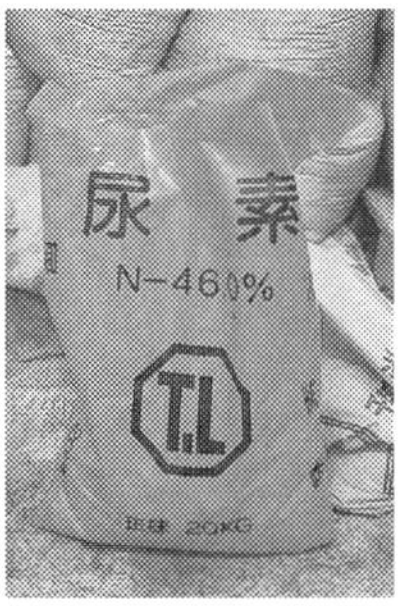

③ 40～50日で完成

(1) 切り返すときに横へ横へとずらしながらやると、夏なら40日で4つの山ができた頃に完成する。冬だと50日くらい
(2) 完成品の場所へ移す

いわゆるくさいニオイはまったくしない。ハエもいない。作物を元気にするケイ酸パワーの発酵モミガラのできあがり！

現代農業2011年10月号　布施さんの光合成細菌による発酵モミガラ堆肥のつくり方

土もやわらかくなった

80㎝くらい入った！　投入4年目の発酵モミガラのおかげ

1.5mほどの支柱を土に挿してみた

改良一輪車でラクラクウネだけ堆肥

管理機で溝を掘ったところへ一輪車でモミガラ堆肥を入れる。ハンドルのほうに30㎝くらい積載スペースを延ばし、一回にたくさん運べるようにした。枠の部分はハウスの古いパイプを使い、つなぎの部分をビスで留めてある。マイカー線で縛って固定。枠の中に厚手のビニールを入れてパッカーで留めた

くさん運べるように考えてつくったのが、左の写真にある改良一輪車の枠。これで、五〇mのウネに六回運べばすむようになった。

現代農業二〇一一年十月号　元肥はこれでＯＫ　発酵モミガラ堆肥をウネだけ施肥

キノコ廃菌床＋光合成細菌の堆肥で
キャベツ　根こぶ菌に負けず

群馬県嬬恋《つまごい》村　干川勝利さん　編集部

干川さんは、鶏糞を畑にまく一カ月ほど前に、ある菌と運命的な出会いをしている。ある菌とは「光合成細菌」のことだ

光合成細菌との運命的な出会い

三月、仲間と一緒に茨城県と千葉県のある農家を視察したときのことだが、まずニンジンの味に驚かされた。ジュースにして飲んでみると、とんでもなく甘い。糖度計の数字には表れないが、飲むとともにかく甘い。野菜というよりも果物のようだ。

ニンジンはモミガラ堆肥でつくったという。そのモミガラ堆肥は、見るからによく発酵していて、いいニオイのする完熟堆肥だった。さぞかし時間をかけてつくったのだろうと尋ねると、わずか半年程度でつくるのだとか。水を吸いにくく発酵が遅いモミガラも、一気に発酵して、まっすぐ完熟堆肥に仕上がる。その秘密が光合成細菌だと、その農家は教えてくれた。

あれほどの堆肥が自分でつくれるのであればと、嬬恋に戻ってから、仲間四人ですぐに光合成細菌の培養を開始した。

鶏糞のニオイが消えた　根がビッシリ　肥効が長続き

光合成細菌はある程度増えてきた。こいつで堆肥を仕込む前に、せっかくなので、すでにまき始めている鶏糞に使ってみたくなった。じつは今年使った鶏糞は発酵過程で光合成細菌も使っているようなのだ。だから鶏糞と光合成細菌の相性は悪いことはないだろうなと干川さんは思っていた。

畑にまいた鶏糞の上から光合成細菌をブームスプレーヤでかけてみる。すると、次々と不思議な効果が現れた。

鶏糞のニオイが消えた

まずは鶏糞のニオイ。もともとこの鶏糞はニオイがほとんど気にならないものだが、それでも鶏糞独特のニオイが多少は残っている。そこに光合成細菌を上からかけただけで、完全にニオイが消えてしまった。

根張りが抜群にいい

そして根張りも抜群にいい。ウネの表面に細かい根が飛び出てくるほどビッシリと張りだした。

肥効がじっくり長効きする

鶏糞は化成肥料みたいに初期にドーンと効いて、あとは肥効が落ちると聞いていたの

干川さんの春系キャベツ。光合成細菌を鶏糞にかけて使うと肥効が長続きして、葉色が淡緑色のまま変わらなかった。そのほかにも光合成細菌を葉面散布したり、収穫後の残渣にも散布したりしている

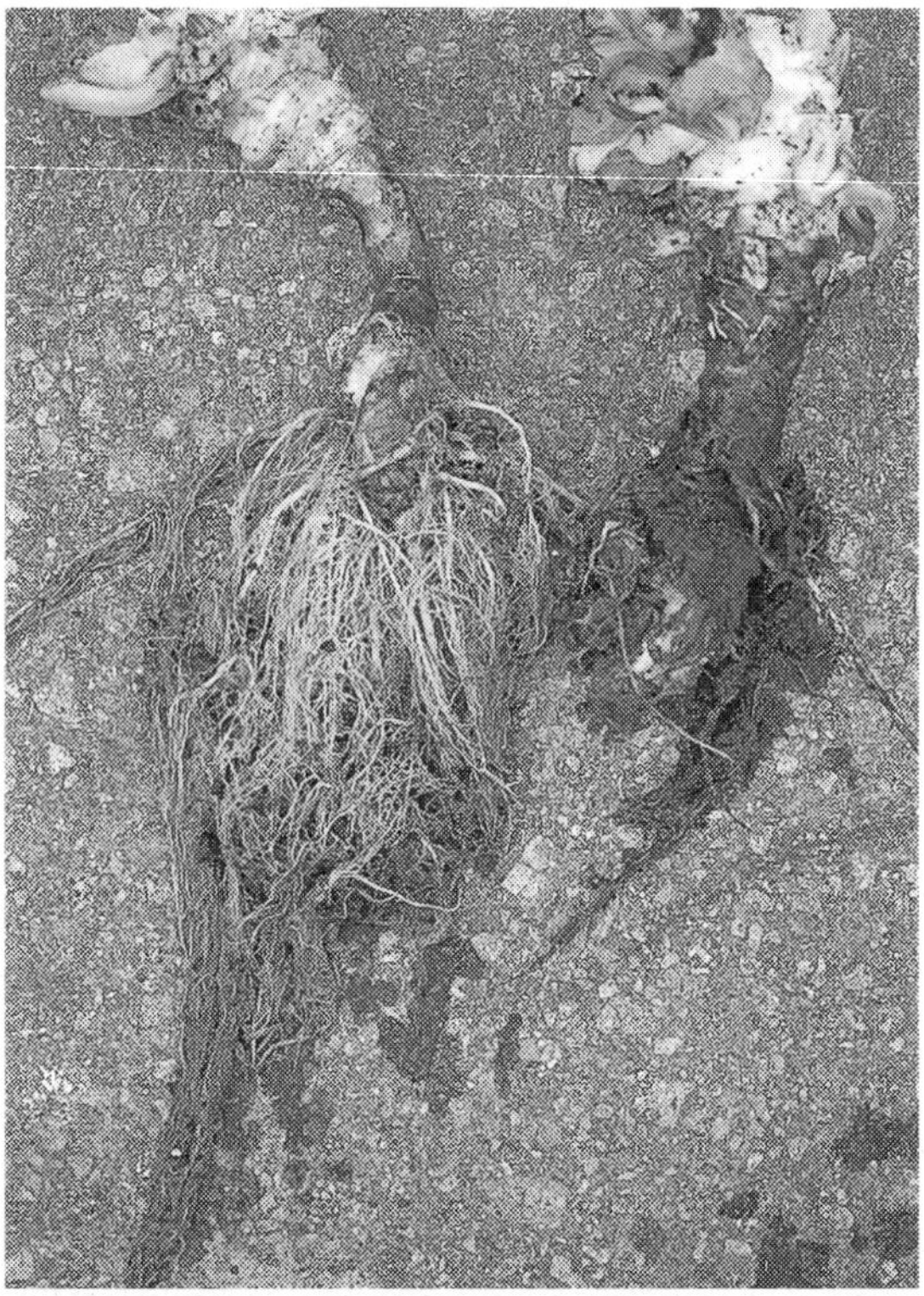

右は従来の根こぶ。鶏糞に光合成細菌をかけた畑では、左のように根こぶから新しい根が伸びていることが多かった

に、葉色がずーっと淡い緑色のまま、最後まで追肥なしで収穫できてしまった。

根こぶ畑でも収穫できた

さらにもっと干川さんを驚かせたことがある。それは毎年根こぶ病で悩まされていた畑でのこと。いつものように大きくならない球がちらほら見え始めたので、根を見てやろうと抜こうとしたが抜けない。根こぶができると根が死ぬので簡単に抜けるはずなのだが、ちっとも抜けないのだ。しかもなんだか葉の色が濃い。抜くのも面倒になり、そのまま放っておいたところ、結局最後までしおれずに残った。中にはM球くらいで収穫できたものもある。

「引っこ抜いて根を見てみたら、確かにこぶがあった。だけどよ、その大きなこぶから新しい根がモッサモサと伸びてたからたまげたな」

それから、今年みたいに雨が多い年は、枯

れたキャベツの下葉が腐って病気が出やすいものだが、今年はいつ見ても、枯れ落ちた下葉はすぐに分解しているようだし、株元がスッキリと乾いている感じだ。いまのところ殺菌剤を一回もかけずに収穫できている。このままのペースなら農薬代は一〇〇万円も安く済みそうだ。

たしかに干川さんは、鶏糞を入れることで、根張りをよくして、病気に強い畑になることを期待していた。しかしそれは長い時間をかけて治そうという気持ちだった。

それがわずか半年で、目に見えて効果が出てきている。

地元の有機物×光合成細菌=極上堆肥!?

視察で見てきた農家はモミガラの堆肥だった。でも嬬恋村には田んぼが少ないからモミガラは手に入りにくいのだ。キャベツの収穫が忙しい頃に、無理して遠くまでモミガラをとりに行くというのでは、堆肥づくりは長続きしそうにない。

この秋に使うため、干川さんが仕込んでいる堆肥の原料は、半分が牛糞であとは鶏糞や、キノコの廃菌床など、安くて手に入りやすいものが中心だ。そこに光合成細菌液をたっぷりかけているから、まず悪い発酵はしないと干川さんは考えている。

切り返すとパーっと七〇℃くらいまですぐに温度が上がって、三日で白い菌糸が全体に広がる。光合成細菌をかけると、半年で極上堆肥に仕上がるというのはどうやら本当のようだ。

そして、鶏糞の不思議なパワーが引き出されたように、光合成細菌と堆肥が一緒になると、肥料成分だけじゃない堆肥のいいところが、爆発的に発揮されるのではないか。堆肥栽培の可能性を想像して、干川さんはワクワクしている。

「一年目でこれなら、二〜三年で本当にすごい畑になるかもしれねえ。そう考えると、菌の培養も堆肥づくりも楽しくて仕方ねえんだ。こんなに農業が面白いって感じたのは初めてだよ」

堆肥に光合成細菌を組み合わせると、ニオイが消えて根もよく張る。肥効も長続きする。

光合成細菌ってスゲー……。

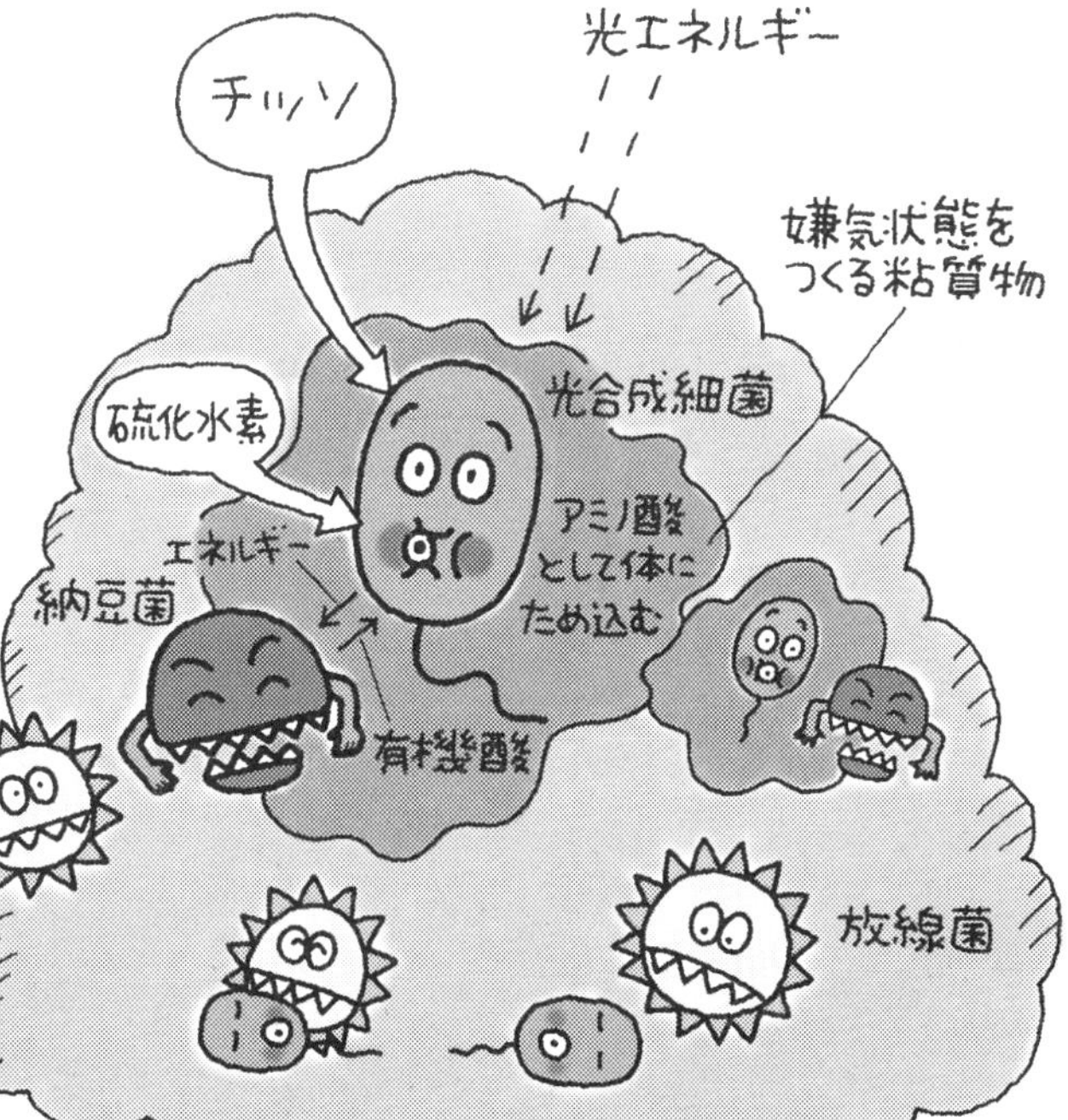

光合成細菌は、堆肥や鶏糞の中に多く含まれる納豆菌や枯草菌と共生することで、チッソ固定力を高める。また悪臭のもとの硫化水素や作物に有害な有機酸をエサにして、アミノ酸として体にため込む。光合成細菌をエサに今度は放線菌も大増殖

現代農業二〇〇九年十月号　光合成細菌との出会いでパワーアップ根こぶのキャベツから根がガンガン出た

光合成細菌で乾きにくい モミガラ培土が完成

低温処理なしでもイチゴの花芽分化が早い

広島県廿日市市　正木　昶

イチゴの育苗にモミガラ堆肥

一〇年前の『現代農業』で、岡山市の山本豊さんがモミガラ堆肥をイチゴの育苗培土に使用している記事（一九九九年十一月号）を目にし、さっそく山本さんに教えていただき、その後ずっと、ポット受け育苗にモミガラ堆肥を使用しています。

モミガラ堆肥を育苗培土に使用した場合、夜冷育苗または山上げ等の低温処理をしなくても、確実に花芽の分化が早まります。例年九月五日頃から定植を始めますが、定植前の花芽分化の確認は一度もしたことがありません。ただ品種によって反応に差があると思います。レッドパールで十二月初め、さがほのかでは十一月中旬から収穫できます。

水に浸したモミガラ堆肥をポットに詰め、ナイアガラ方式で苗受けします。私のモミガラ堆肥にはチッソ分がほとんどないと思いますが、育苗期間中に施す肥料はパチンコ玉大のIB化成を一ポット一個だけです。根張りのあるいい苗になります。

乾きにくい最高の培土が完成

今までモミガラの堆肥化は、EMボカシをつくる要領で、ドラム缶を使用し嫌気発酵をさせていました。できた堆肥は使えないことはありませんが、モミガラの色があまり変わらず、培土にしたときに少々乾きやすいようでした。

モミガラを光合成細菌で好気発酵させる記事を読み、試してみたところ、一カ月で濃い茶色のモミガラ堆肥ができ、一度吸水するとなかなか乾きにくい最高の培土になりました。

光合成細菌で吸水性を高める

二〇〇ℓのドラム缶にモミガラをいっぱい入れた状態で、光合成細菌一〇〇倍液は一八〇ℓも入ります。どんどん吸水し、モミガラが浮いて出ることはありません。モミガラはひとたび吸水が可能な状態になれば、驚くほど高い保水力を発揮するということだと思います。

一夜、漬け置きしたモミガラを取り出し、少量の米ヌカをふりかけながら切り返します。手を入れると暖かいくらいのやや低めの温度で発酵が進むようです。その後一～二度切り返せば一カ月で完成です。できたモミガラ堆肥を芯にして、上にモミガラを積み上げて雨ざらしにしておけば、切り返さずとも堆肥化が進み、多量の堆肥を得ることもできます。

私は、家庭菜園やイチゴの栽培に自家製のEMボカシを主体にしてつくっています。モミガラ堆肥にもできるだけ多種類の微生物を吸着させたくて、今年はEMと光合成細菌の各々一〇〇倍液を半分ずつ合わせた液を吸水に使い、モミガラ堆肥をつくってみました。

光合成細菌による モミガラ培土の つくり方

ドラム缶にモミガラをいっぱい入れて光合成細菌100倍液を注ぐとどんどん吸水する（手前のドラム缶の白いモミガラは、色の違いがわかるように置いた生モミガラ）

ひと晩菌液に漬け置いたモミガラに米ヌカ少々を混ぜて切り返す

その後2回切り返して約1カ月

撮影用にナイアガラ方式でポット受けする状態を再現してみた。モミガラ堆肥の培土は乾きにくく、根張りがたいへんよくなる

現代農業2009年11月号　モミガラ堆肥は簡単だ　光合成細菌液で簡単　低温処理なしでもイチゴの花芽分化が早い堆肥

肥料代を安く　地元のタダのものを使う

光合成細菌液でモミガラ吸水ラクラク

吉田弘幸さん　千葉県　　編集部

モミガラ。水を吸わせることさえできれば発酵は早い

かずさ有機センターでは、水をはじくモミガラの吸水問題を曝気屎尿の酵素液で解決したようだが、この問題には各地でいろいろな人が知恵をしぼっている。

五光企画の吉田弘幸さん（千葉県・肥料コンサルタント）は、あるとき、光合成細菌液にひと晩漬ければモミガラが水を吸うようになることを発見した。吸水さえすることができれば、モミガラを発酵させることは簡単だ。

水さえ吸えば、一カ月で発酵モミガラに

まず、木枠にシートを張ってモミガラを入れる。そこに、モミガラがひたひたになるくらいの量の光合成細菌一〇〇倍液を入れて、ひと晩放置。これがただの水であれば、ひと晩たってもモミガラは上に浮いたままだ。だが、光合成細菌液だと、朝になるとモミガラが沈んでいる。

あとは、発酵の基材となる米ヌカを軽く混ぜて積めば、モミガラは勝手に発酵を始めてくれる。切り返しながら一カ月もすれば、もう十分使える状態になるそうだ。

大規模にやりたい場合は、いちいちモミガラに吸水させてもいられないので、できあがった発酵モミガラを芯にして、大量の生モミガラで覆ってしまう。水分調整を兼ねて光合成細菌一〇〇倍液をかければ、これで十分発酵が始まるそうだ。ただし最初は、光合成細菌独特のにおいがあるので要注意。

発酵モミガラの不思議な力

吉田さんのやり方で、大規模に発酵モミガラ堆肥をつくり始めた農家もいる。自分で光合成細菌を培養し、ライスセンターから三〇町分のモミガラをもらってきて、空き地で堆肥にしている。畑には一〇a二〜三tずつ投入しているらしいが、他の肥料はいっさいなしで、「今まで見たことのないような生育になった」と喜んでいる。これまで、年明けには黄色くなってしまっていたシュンギクが、昨年は三月まで青々と葉色が落ちなかった。スイカもカボチャも、とんでもなくうまく

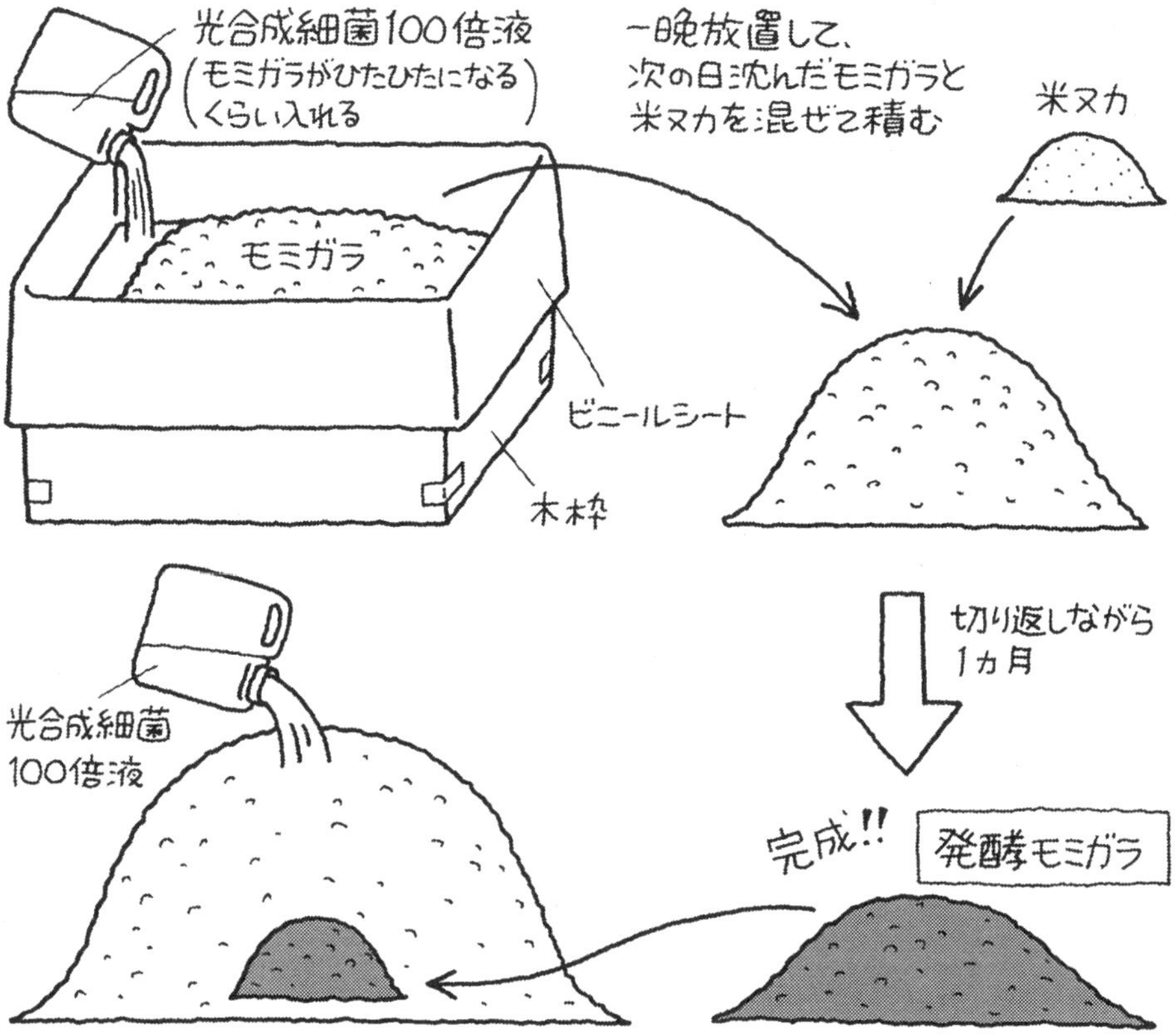

[大規模につくるなら]
発酵モミガラを芯にして大量のモミガラで覆ってしまい、
光合成細菌100倍液を上からかける

なった。

「発酵モミガラのおかげで、農業でやっていける目処がたってきた気分」とまで言っている。

発酵モミガラのただならぬ効果……。モミガラはケイ酸分が豊富なことで有名だが、吉田さんは「発酵させることで、モミガラのケイ酸が三倍効く」という。微生物がケイ素などのミネラルをキレート化し、土に吸着されないようにしてくれるおかげで、植物がスムーズに吸えるというわけだ。

「肥料代を安くするには、とにかく発酵肥料にすることです。発酵肥料なら、量が少なくても効果は倍増。微生物が一回取り込んでくれれば、チッソはアミノ酸になるし、ミネラルはキレート化するし、リン酸も土に吸着されなくなるしで、とにかく『効き』がよくなりますからね」

現代農業二〇〇八年十月号　肥料急騰　どげんかせんといかん！　肥料代を安くする手法　その3　地元のタダのものを使う　光合成細菌液でも吸水

光合成細菌で臭わない生ゴミ堆肥が簡単にできた

佐藤義次　三河環境微生物さとう研究所

光合成細菌は透明な容器に入れて明るいところにおくと、簡単にできる

光合成細菌で、生ゴミのニオイをシャットアウト

家庭の生ゴミ対策は、年々関心が高まり、いろいろな方法が行なわれています。しかし、どれも一長一短があり、十分な普及や活用には至ってない状況ともいえます。家庭の生ゴミは量はわずかですが、水分が多く腐敗しやすいのが厄介なのです。

これまでゴミの処理というと土に埋める方法がもっとも多く行なわれてきましたが、今回ご紹介する方法は、この先人の知恵に、手間を少し加えてみました。どこでも手に入る器具器材を利用しており、これまでネックになっている点を考慮して、工夫したものです。

もちろん、自然な方法が基本ですので、最大の難点であるニオイと虫をゼロにすることはできませんが、光合成細菌に含まれる微生

最初に揃えたい器具・資材（番号は写真に準ずる。②③④は100円均一ショップで買えます）

【器具】

①直径、高さともに32㎝ぐらいの大きさのポリ系半透明の密閉容器…1個
（1000円程度。コックのついた生ゴミ専用の密閉容器も利用できる）
②①の容器に入る直径27㎝、高さ19㎝ぐらいのポリ系の鉢
（底に穴があいているもの）…10個
③②を載せるための、高さ5㎝程度のスチール製の台
（ヤカン置き、鍋敷きなどでも可）…1個
④ハンドスプレー容器…1個

【脱臭、発酵資材】

⑤光合成細菌液…1カ月に約2～3ℓ
（自家培養したら約100～150円）※入手先については後述
⑥よく乾燥した土

物の効果により、腐敗臭を極力なくしました。厄介者の虫も、土の中の数多くの天敵を利用して気にならない程度に抑えられました。

光合成細菌とは

この方式は、ボカシを利用して嫌気性発酵させる従来のやり方に準じますが、ボカシではなく光合成細菌の液を使用したこと、生ゴミから出る水分を腐敗させないために、容器の底に光合成細菌液を入れた点が違います。

光合成細菌液そのものは、若干の臭気がありますが、きわめて安全なバクテリアです。畜産経営では、臭気対策や汚水処理、堆肥化の促進などに、作物関係だと水田をはじめとして、広く利用されています。

光合成細菌に脱臭効果があるのは、ニオイの元になる硫化水素や低級脂肪酸の分解を速やかに分解するからです。

また、光合成細菌は、水気があって嫌気性の環境だとどんどん増殖します。ですから、今回ご紹介するように、密閉容器を使うと光合成細菌にとって最適な環境条件になるといえます。

他にも、生ゴミはポリ系の植木鉢に入れたまま土に移すので、生ゴミの内部には目をふれなくてすみます。不潔感や汚物感が少ない

生ゴミ堆肥のつくり方

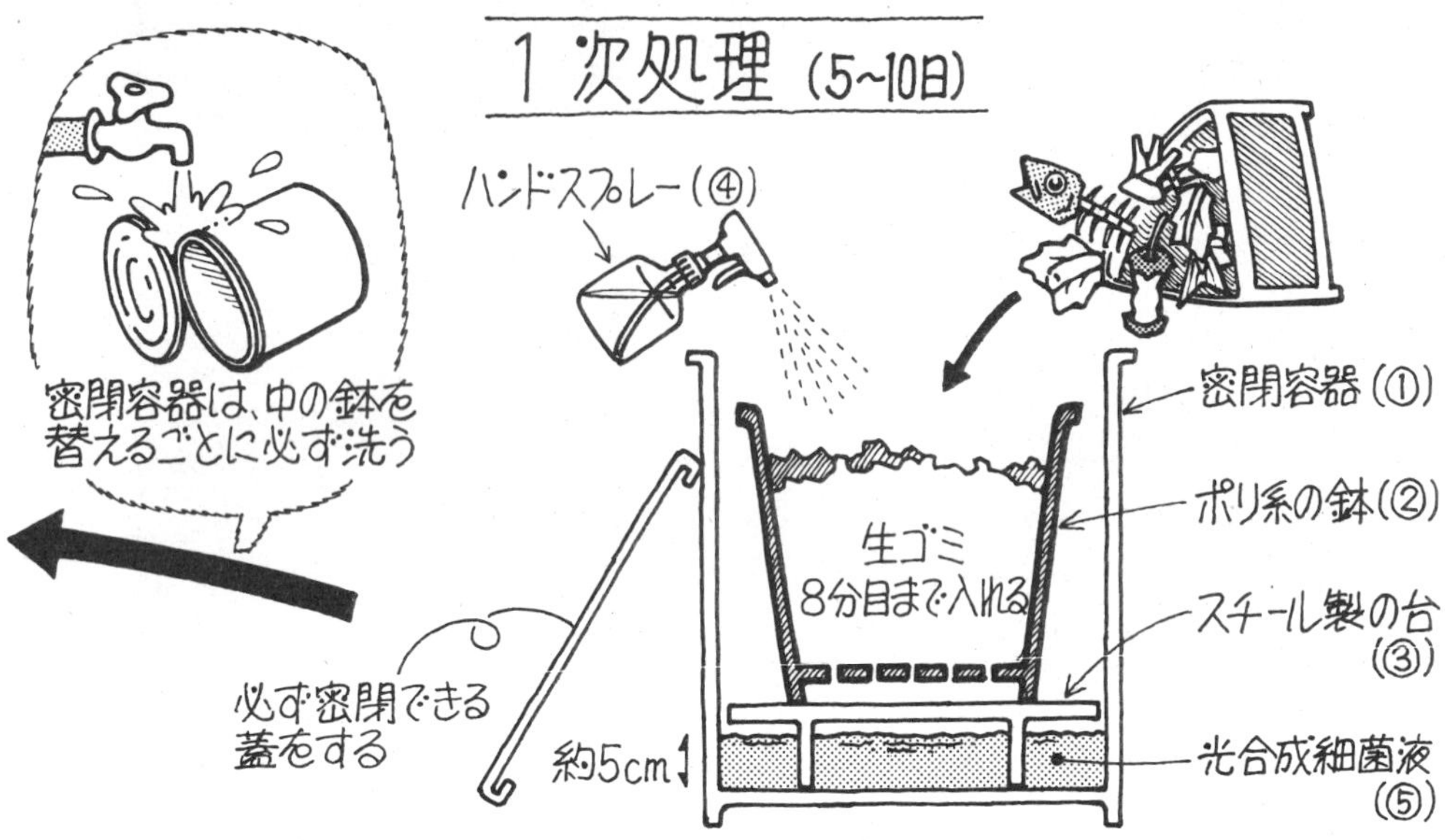

(1) ①の密閉容器の底に③の台を置き、数倍の水で希釈した⑤の光合成細菌液を約1ℓ入れる。

※濃度については各自調整（前ページの写真では5倍液を利用）

(2) 密閉容器に②の鉢を入れ、台所でよく水切りをした生ゴミを投入してゆく。そのつど、(1)と同倍に希釈した光合成細菌を必ず④のスプレーで噴霧すること

(3) 生ゴミが鉢に8分目程度になったら、2次処理にまわす

※底にたまった液は日数がたつと腐敗臭がしてくるので、10日以内に替える。その液は、約10倍に薄めて液肥として使用する。もし、ニオイが気になったら、キャップ1杯の光合成細菌を加えれば、ほとんど臭わなくなる

※密閉容器は鉢を替える度に水洗いし、きれいな状態で再び（1）から利用する

のです。

また、生ゴミの最大の欠点である水分の除去は、生ゴミを入れた鉢を土に埋め込んで、生ゴミの上に乾いた土を載せたり、生ゴミと土を混ぜるなどして、土壌の浸透蒸散作用を利用しました。臭気などの浄化も、光合成細菌の効果はもちろんですが、土の効果によるものです。

具体的な手順

さて、ニオイ、虫が気にならなくて、お金もかからず、電気も使わない――そんな生ゴミ処理の方法を、上の図でまとめてみました。図中の鉢の大きさは、一般家庭の五〜一〇日ぶんの生ゴミの処理量です。

もっとも気になる臭気ですが、蓋を開けてもほとんど苦になりません。

ただし、生魚のはらわたやエビガラなど腐敗しやすいものを入れるとやや臭うので、この方法をとらずに、直接、土に埋めたほうがよいでしょう。

二次処理の段階では、堆肥土のようなニオイがわずかにする程度です。熟成の途中で切り返してみると、かなり腐敗臭がしますが、熟成が終われば苦にならない程度になります。

光合成細菌で　家庭で簡単!!

1週間前に2次処理を終えた鉢（上）。最終的には4分目ぐらいまで減量する。下は、2次処理中の鉢で、切り返しを行なわない限りは臭気は発生しない

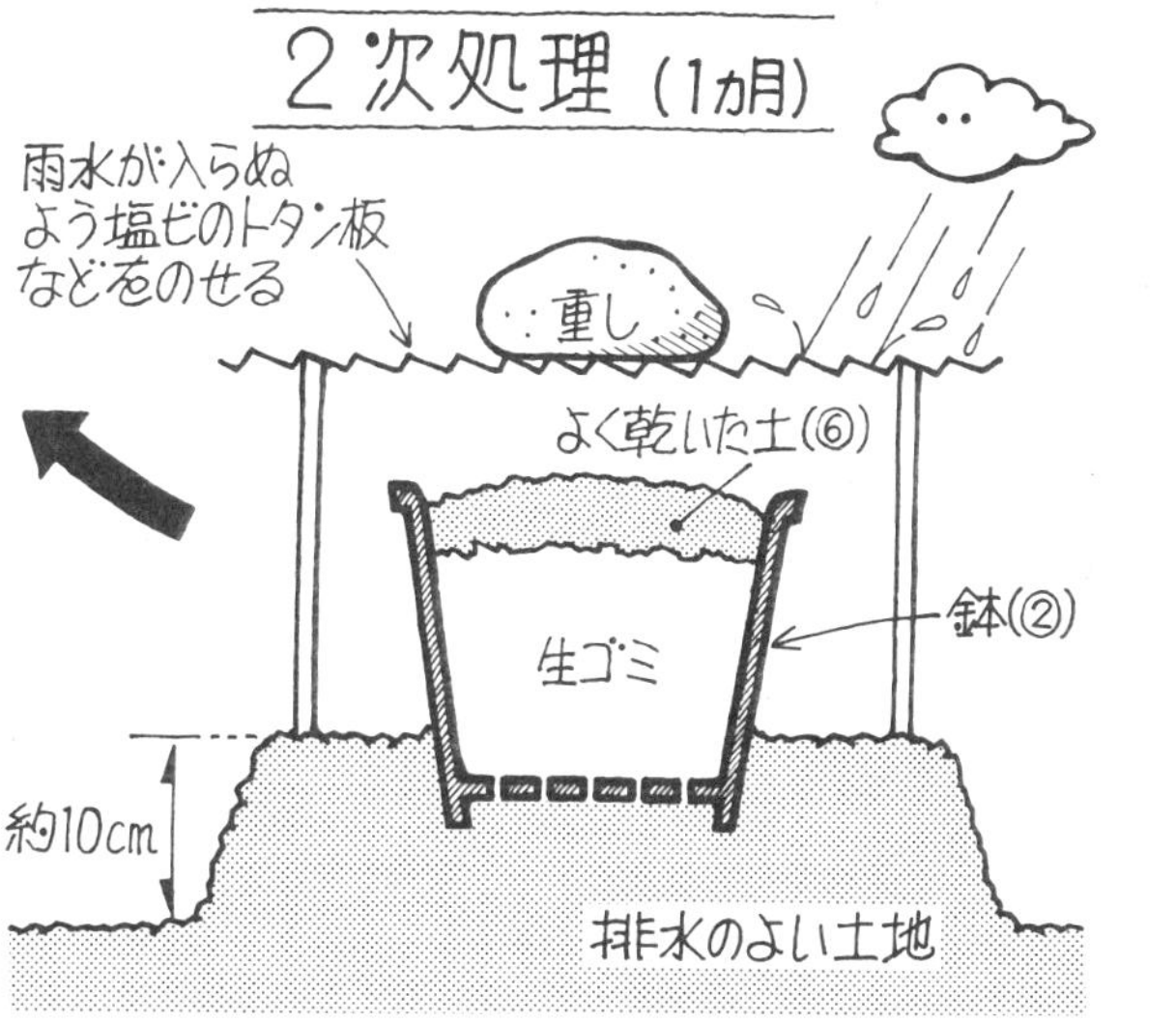

(4)（3）で生ゴミが8分目ほど入った鉢に、図のように⑥の乾いた土をいっぱいに盛るか、生ゴミと混ぜる

(5) 排水のよい地面にウネをたて、その上に鉢を置き、塩ビのトタンをのせるか、ビニールトンネルをかけるか、最低でも大きめのスーパーのビニール袋をかけるなどして、雨水が入らないようにする。

(6) 雨が入らなければ1～2カ月でほとんど分解するので、土を加えて花などを植えるか、畑に戻して利用する

※2次処理はいろいろな方法が考えられるが、家の近くに畑があれば、1次処理した生ゴミに乾いた土を混ぜたり、畑に埋めることがもっとも簡単。この場合、生ゴミの入れ物は10ℓのバケツで代用してもよく、底に穴をあけて取っ手を外して使う

ショウジョウバエやブヨの発生はほとんど見られませんが、水アブ（通称ベンジョバチ）やハエの幼虫の発生がときどきみられます。とくに水アブの幼虫は大きく、蛹も黒く大きいので、不潔感がしますが、生ゴミ処理では減量化にも役立つ虫なので、現状ではよしとします。

まだ始めて短期間ではありますが、手軽にできて、また、ご家庭ごとに工夫もできますので、お試しになってはいかがでしょうか。生ゴミ処理機のようにかなりの電気代がかかる、といったことはありません。

この方法が家庭菜園やガーデニングに使う良質な肥料となって、生ゴミのリサイクル化に充分こたえられればと思います。

※光合成細菌については、詳しくは当研究所まで（連絡先四五ページ）

現代農業二〇〇一年十月号　クズ・カス徹底利用術
光合成細菌で、におわない生ゴミ堆肥が簡単にできた

スラリー&汚水処理の悪臭対策

静かにかけ流すコンクリート池

米村常光さん　北海道江別市　編集部

米村常光さんの尿汚水・排汁処理は曝気せず、微生物資材も鉱物資材も加えず、三つのコンクリート槽をかけ流すだけ。これで、浄化槽も、まいた畑も、なぜか臭わない。

昔の素掘り池は臭くなかった

米村さんも昔は素掘り池だった。バックホーで深さ五mくらいの穴を掘り、溜めておき、汲んで畑にまく。「素掘り池は二〇年以上使っていたが、まったく臭くなかったな。ただ流し込むだけで、曝気も何もしなかった」という。

素掘り池はいくら汚水を流し込んでもあふれ出さなかったから、たぶん周りの土にしみこんでいたのだろう。底までぜんぶ汲み上げてやると、次の日には底から三分の一まで汚水が溜まっていた。土の中にいるたくさんの菌が悪臭の元を食べてくれていたに違いない。

しかし平成十二年、家畜排せつ物法が施行されることになり、素掘り池は禁止になる。米村さんは最初、土を掘って土管を埋めて、染み出ないようにシートを張り、池をつくろうと考えた。しかし、素掘り池と違って、溜めっぱなしというわけにいかない。

近所で、いち早く尿溜槽をつくった酪農家がいた。その尿汚水は素掘り池と違って、いつまでも臭かった。汲み上げて畑にまけば何km離れていてもわかる。翌日になってもわかる。米村さんは、ただ溜めるだけではなく、何かしら手を加えなければならないと思った。

好気発酵ではニオイが出る

まず、ニオイの元を好気的に分解させようと考え、試しに素掘り池でエアレーションをかけてみた。たしかに分解しているのだろう、ボコボコやるうちに温度が上がってきた。さらに市販の微生物資材を加えると、ぬるま湯程度にまでなった。

しかし、ニオイがすごい。農場からずいぶん離れた道を知り合いが車を走らせていて気づき、鼻でたどってやってきたくらい。当時は農場のすぐ隣にハム・ソーセージを製造する畜産公社があった。しかも、一番近いところに職員の食堂があった。米村さんはすぐに曝気を止め、風向きがよかったのか、騒ぎにはならなかった。

夏は南風が農場から公社に流れる。ニオイが出るのはまずい。とにかくまずい。米村さんは「いったん、嫌気発酵させるしかないな」と考えた。

まず、一槽目でスカムと汚泥をせき止めつつ、嫌気発酵でニオイの成分をある程度取り除き、そのオーバーフローを二槽目で曝気して好気発酵させる。そして、そのオーバーフローを三槽目に溜めて畑に使う。浄化槽の深さは三m以上とればニオイが激減すると誰かから聞いた。工事用型枠の長さが一・八mだから、深さを三・六mにすれば型枠の無駄が出ない。また、第二槽の隅は丸くしたほうが対流して好気発酵しやすいと考えた。

尿汚水は次々と色が変わる

　平成十二年、浄化槽を施工。工事費は四六〇万円だったが、助成対象になり、自己負担は二四〇万円だった。だがエアレーションは助成の対象外だったため、やろうと思うとさらに二四〇万円かかり、浄化槽の隅を丸くするのも高くつくという事実に直面。それらはとりあえず保留する。

　一槽目は表層がスカムでマット状になった。その下は黒色の水で、底には汚泥が沈殿した。水中を固形物がゆっくりと浮いたり沈んだりしてスカムになったり、汚泥になったりしていた。二槽目は海の水のように透明な濃紺色になった。この槽ではスカムが浮かないし、汚泥もたまらない。三槽目は温度によって色が変わり、夏までは橙色、夏からは緑色になる。米村さんは「こうも色が変わるものか」と感心した。

　三槽目から汲み上げた汚水は一回で一〇a当たり一tくらいまく。チモシー一番草前の四月末からルーサン最終後の十月まで、同じ畑には四回くらいまく計算。一槽目の汚泥は深さ三分の一くらいたまったら、バックホーでかき混ぜてやる。これで溶けてしまうので、汚泥を汲み上げる必要もほとんどない。

ただかけ流すだけで臭わなくなる米村さんのコンクリート池

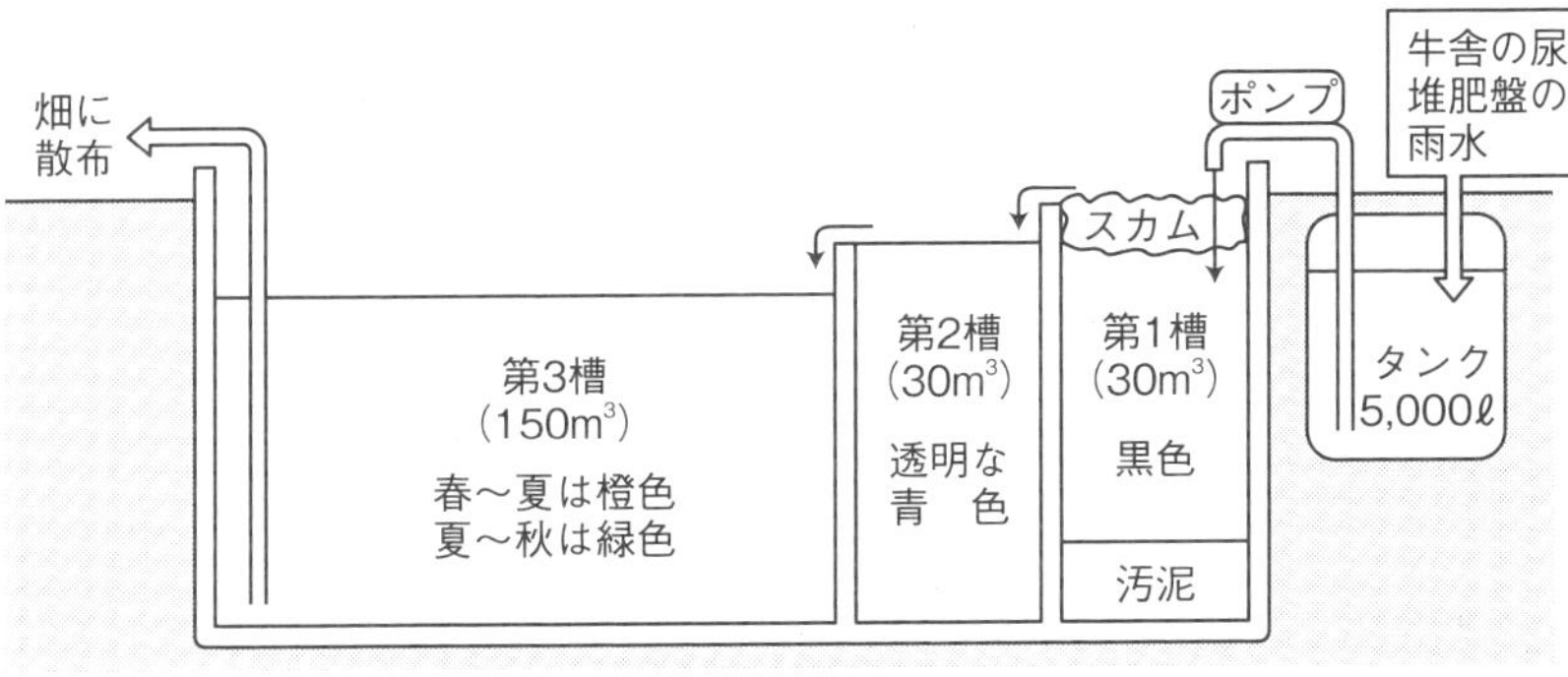

曝気や攪拌などしない。汚水の色が変わっていくのは、なるべく動かさないことでさまざまな嫌気性菌が働くせいか？

光合成細菌が悪臭を分解!?

　汚水が静かにオーバーフローするせいか、浄化槽自体はほとんど臭わない。しかし、汚水に手を入れ、その手を鼻に近づけてみると、一槽目と二槽目は臭い。去年の夏、草刈り中にスカムを地面と見間違えて、第一槽に落ちて這い上がってきた実習生も臭かったらしい。

　ところが、三槽目はまったく臭くない。土に接する素掘り池は臭くないが、土に接していない尿溜槽は臭い。米村さんの浄化槽は土に接していないのに、臭くない。汚水は表面に風が流れるし、槽を移るときに空気を巻き込むので、尿溜槽よりも好気的だろうが、それほど大きな違いと思えない。とすれば、素掘り池との共通点は日光が入ることくらいか。

　米村さんは「専門家じゃないからわからないけど、三槽目の色は光合成細菌じゃないかな？」という。光合成細菌は作物に有害な物質をエサに、高等植物なみに光合成を行なう嫌気性菌。環境を浄化する働きがあり、土の肥沃化にも貢献する。「エアレーションをかけないで正解だったような気がする」という。

　汚水の色が次々と変わるのも、適度な日光があたり、外気（風）に触れ、攪乱の少ない環境で、嫌気性菌を含むさまざまな菌が働いているせいかもしれない。

現代農業二〇〇六年五月号　スラリー&汚水処理　これなら安い、臭わない　光合成細菌が悪臭を分解？　静かにかけ流す「コンクリート池」

乳酸菌、枯草菌、光合成細菌も使って
ニオイなしで健康豚

西元農場　鹿児島県末吉町　玉利泰宏

ニオイのまったくない西元農場の肥育豚舎

「物事は陰と陽、相反するもののバランスで見るとわかりやすい」と西元さんはいう。たとえば酸化と還元で、畜舎のニオイがひどくなるのは酸化に傾いているから。現在の畜産は、化学肥料や農薬を多用し、時間をかけて運ばれるエサに依存しており、どんどん酸化してしまう。炭利用の真のねらいは、それを還元するためにあると西元さんはいう。

ニオイが出るのは酸化に傾いているから

炭には物理的・化学的吸着性、豊富で溶けやすいミネラル分、遠赤外線効果などがあるが、最も重要な性質は還元力（抗酸化作用）。

西元さんはエサに炭を混ぜてから、時間を置いて給与する。これはエサの酸化状態を炭で還元するためだ。混ぜる炭の量はエサ全体の〇・三〜一・〇％、夏場はこれより多め、冬場は少なめにする。夏は気温が高いのでエサの酸化が強く、それを還元するために多くするのである。逆に冬は豚が痩せないよう減らさなければならない。

水も同じだ。井戸水を特別な機械で荷電してから与え、エサにも少量混ぜる。電気分解によるアルカリイオン水などにはない改善効果があるという。試しにやってみるなら、機械がなくとも、五〇〇ℓのタンクに備長炭を五kg程度入れた水を使えばよい（炭は一、二カ月で取り替え）。また、空気も同じで、畜舎は可能な限りカーテンを上げて開放する。臭気で酸化した空気を外に出し、外の杉林の還元した空気を入れてやる。

ただし、何でも還元すればいいというわけではない。場合によっては部分的に還元に傾きすぎることもある。炭の過剰給与で豚が痩せるのもそのため。そこで傾きすぎた還元状態を戻してやるのが木酢。木酢は母豚の酸乳防止と泌乳量増加、子豚の下痢防止効果があるが、根底には酸化・還元状態を整えるねらいがあるという。

乳酸菌はエサに混ぜ、土着菌は床にまく

しかし、この酸化・還元状態を恒常的に整えていくのは至難の業だ。炭・木酢を駆使しても、どうしても酸化に傾いて、ニオイが出てしまう。そこで、その対処療法として西元さんは微生物資材を使う。微生物資材は炭や水とともにエサに混ぜ、エサの消化吸収を助

け、排出されたふん尿も発酵しやすくする。また、床にも炭とともに直接まき、床の微生物の働きを高め、分解・発酵を促進し、腐敗を抑制している。現在、使っている微生物は乳酸菌、土着菌、枯草菌、光合成細菌である。

　乳酸菌は炭・水とともに緑餌や配合飼料に加えて攪拌機で混ぜ、一日以上おいてから与える。微生物資材はそのまま使うより、エサを軽くボカシた状態で与えるほうが効きがいい。母豚・子豚・肥育のほぼすべてのステージでこの発酵飼料を与えている。

　土着菌は広葉樹の林で採取した腐植を床にまいている。ただし、子豚の下痢が出たときに限り、杉林で採取した腐植を床にまく。広葉樹のものは発酵力が強く、杉林のものは下痢を抑える効果が高いようだ。以前、竹林から採取したものを使ったことがあり、確かに春ごろはよく効いたが、気温の下がる秋から冬にかけて効きが悪くなった。杉林のものは一年中効果が安定している。土着菌は採取場所によって、季節による使い分けが必要だろう。

乾いた床（上：子豚舎）には土着菌や枯草菌を使い、ぬかるんだ床（下：肥育豚舎）では光合成細菌を使う

ぬかるみに光合成細菌

　土着菌は効果にムラがあり、確実に効かないこともある。そこで、土着菌効果を補い、それに近い効果をねらって、枯草菌を米ヌカで培養して床の表面にまいている。枯草菌は極めて強い発酵力を発揮するようだ。

　しかし、土着菌や枯草菌は好気性なので、床がある程度以上にぬかるんでしまうと効果が鈍ってしまう。実際、豚は排泄する場所がだいたい決まっているため、その部分が特にぬかってしまう。さらに西元さんの豚舎の床は上面の高さが周りの地面と同じであるため、雨が続いた時など、ぬかるみがひどくなる。そのようなぬかるみには、土着菌や枯草菌では歯が立たない。

　そこで有効なのが光合成細菌だ。水分の多い環境でも活動できるせいか、使うと畜舎のニオイが消える。これも米ヌカで培養し、床にまいたり、エサに混ぜてやればいい。しかし、微生物資材で床のぬかるみ自体が改善されるわけではないので、ノコクズの量を増やすなどの対応が基本である。

　微生物資材はあくまでも対処療法であって、畜舎の根本的な酸化状態を矯正するわけではないということも忘れてはならない。

「エサ、水、環境を整えてやるのが豚を飼う基本。でも、言うのは簡単だが、〝こうすれば誰でも必ずうまくいく〟というマニュアルはない」と西元さんはいう。

　炭も水も木酢も、微生物資材も、導入にあたっては安易に飛びついてはならない。最初から豚舎全体に使うのではなく、必ず対照区を設けて半年〜一年はかけ、自分の目で効果を比較してみる。さらに、効果があっても、適正量を見極めるまでは比較を続ける地道な作業が必要だという。

　西元さんが心がけているのは「かきくけこ」。観察、記録、工夫、継続、行動だ。どんな知識の集積にも勝る言葉だと思う。

現代農業二〇〇三年八月号　乳酸菌、枯草菌、光合成細菌も使ってニオイなし　木酢・炭、土着菌を駆使して健康豚（下）

田んぼのわきと、うまくつきあう時代へ　強湿田のわきに光合成細菌

自分で殖やせば一リットル五〇円！ 食味も過去最高に

燕　久磨　新潟県三島町

筆者と自家培養中の光合成細菌

おいしい米をつくるには、水田を微生物でいっぱいにしなきゃ

私は新潟県で二五〇ａの田んぼを耕作する五六歳の兼業農家です。

昭和四十一年に就農し、稲作を行なってきましたが、昨今の米余り状況（生産調整・米価の据え置き）のなかでは、安全でおいしい、お客様に喜んでいただける米づくりをするしかないと思うようになって参りました。そのためには、有機資材の利用で水田中を微生物でいっぱいにし、有機物の成分をイネに直接吸収させたい。それでこそ、おいしい米になるのではないかと考えたのです。

米ヌカで、肥料と除草に微生物利用

私と微生物との初めての出会いは昭和四十七年頃でした。当時は養豚を営んでおり、糞尿処理等に微生物を利用し、それ以来、微生物に興味を持つようになりました（当時、『現代農業』で関根一五郎氏の「ふん尿をエサに変える」記事を見て、豚糞の飼料化に取り組み、赤字経営の立て直しができました。『現代農業』との付き合いは三〇年以上になります）。

稲作のほうに、米ヌカボカシという形で微生物利用を取り入れ始めたのは六年前。微生物資材にはいろいろありますが、安価で手軽に入手できるものがよいと思い、ＥＭ菌を利用することにしました。米ヌカは、幸い酒造会社から大量に手に入れることができまし

た。現在は古いコンクリートミキサーの使用で、大量にボカシをつくることができるようになったので、全水田にボカシを散布しています。

　また、平成八年からは米ヌカによる除草も実践しています。ドライブハローによる半不耕起とボカシ肥料と米ヌカ散布を組み合わせた方法で、ヒエに対してはかなり有効です。ヒエの出芽には酸素、温度、水分が必要ですが、酸素を断つやり方です。

これが私の強湿田です。わきの害に苦労していました

　ドライブハロー浅耕による半不耕起だと、土中の種子が表面に出てくる率が少なく、ヒエの種子より比重の軽い米ヌカやトロトロ土が表面を覆うことによって発芽を抑えてくれます。また、表面に出た種子は米ヌカの有機酸が出芽を抑えてくれます。

　しかしコナギの場合は、出芽に酸素を必要としない、種子は小さく比重も軽い、などの理由で除草効果が悪いのだと考えられます。しかし昨年は一部ですが、田植え直後に米ヌカを散布した田んぼで、コナギの茎葉が黒ずみ枯れた状態になったので、有機酸の効果だと思っています。

強湿田では、わきの害

　しかしそうやって米ヌカを利用し、有機質と微生物いっぱいの田んぼをつくっていくことには、プラスとマイナスの両面があることが最近わかってきました。食味の向上、除草効果がある反面、強湿田では、わきによる弊害が出てきたのです。

　暗渠の効かない田んぼでは、有機物（米ヌカ、イナワラ等）の量がその水田の分解能力を越えて土壌中に蓄積してしまうと、嫌気性の硫酸菌のせいか、硫化ガスが盛んに生産され、水田がヘドロ化していきます。

　未分解有機物が増えると、わき水田となり地耐力が落ちてコンバインの走行も悪くなりました。このような水田では中干しによる硫化ガスの除去がむずかしく、水温上昇とともに表土が剥離したり、分けつが進まず茎数不足をきたしたりし、日陰田のようなガサツな稲姿になり登熟もよくありませんでした。

　今から思うと、七、八年前、ボカシをまだ大量につくれなかった頃、生の米ヌカを二〇〇〜三〇〇kg、ブロードキャスターでまいてすき込んでいたようなところが問題になっているような気がします。今のように、田植え前に散布するものはすべてをボカシにして、表層に浅く施用するやり方なら、悪いことにはならないと思うのですが、当時は「有機物を入れておいしい米をつくりたい」という気持ちが先走り、わきの兆候が見えてもあまり気にせず、毎年大量の米ヌカをすき込んでいました。当時から半不耕起的にドライブハローで浅くうなっているつもりでしたが、強湿田ではどうしても深くなってしまいます。そして一度深くなってしまうと、実際のところ、なかなか浅くはならないのです（私の田も全部が湿田というわけではなく、いい田はトラクタがいくら大きくても、年々浅く起こせるようになっているのですが）。

自分で培養して殖やす光合成細菌　光合成細菌とは、36億年前、地球に酸素がない嫌気条件のときに出現した菌。光をエネルギーに、硫化水素や水素、有機物を利用して増殖

自分で殖やせる光合成細菌

このわき田で悩んでいた三年前に「現代農業」で佐藤義次先生（三河環境微生物さとう研究所）の光合成細菌のことを知りました。

ガス害には光合成細菌が効果があるということは以前から知っていましたが、市販のものはどれも価格が高く、なかなか手が出ないでいたのですが、佐藤先生の光合成細菌は、自分でどんどん拡大培養できるとのことです。田んぼのわきを防ぐにはこれだ！と思い、早速、佐藤先生より材料と説明書を送って頂き、わからないことはいろいろお聞きして培養を試みました。現在は、拡大培養によって全水田に施用できる量が確保できるようになったので、五月下旬と七月上旬の二回、一〇aに五ℓずつ流し込んでいます。

昨年の経験では、流し込んでから一週間ほどで葉色が出てきます。硫化ガスの発生も抑えられ、肥料の吸収もよくなり、登熟もよくなりました。昨年は天候にはあまり恵まれませんでしたが、食味数値は今までの最高結果が出て、自信を深めることができました。

もちろん、食味も品質もよい米ができたのが、すべて光合成細菌のせいかどうかはわかりません。米ヌカやボカシの長年の施用が、ここへきて花開いたのかもしれませんし、光合成細菌との相乗効果を発揮したのかもしれ

光合成細菌培養の手順（私の場合）

【材料】

400ℓ製造分をさとう研究所より購入。元菌20ℓ（5000円）と、培養資材Ａ剤Ｂ剤20ℓ分×20回分（12000円）

【つくり方】

①培養資材Ａ剤Ｂ剤を水道水（前日より汲みおき）20ℓに溶解する。
②元菌と同量の資材溶解液を混合し、容器の口まで入れて密閉する。
③ハウス、ベランダ等の日の光のあたる場所で培養。赤い色が出てきたら完成。
＊2回目からは、よくできた培養液を元菌にする。
＊大量に培養する場合の容器には、プラスチックの衣装ケースを利用。上にビニールをかけて空気を遮断する方法でできる。
＊元菌はペットボトル等に入れて、日光のよくあたる所に置くと、秋から春まで保存できる。
＊経費は1ℓ 30円。拡大培養なので順調にできるようになると、手間賃などを考えても、1ℓ 50～60円くらいと見てもいいのでは。資材は自分でつくれるとなると、ふんだんに使えてよい。

ない……と思っています。

化学肥料・農薬をできるだけ使用しないで、微生物の力を借りての米づくりは試行錯誤の連続で、失敗も数え切れません。しかし、環境にも、人間の健康にもいいという安心感と、さまざまな微生物が底知れない働きをして感動を与えてくれます。食味・登熟も年々よくなり、米づくりへの意欲、夢が再びわいてきました。

米ヌカで除草剤に頼らない除草を行ない、光合成細菌でチッソ固定によるコストの引き下げと有害物質の除去をし、良食味米を生産する――このような夢の技術が一日も早く確立されることを思いながら、今後も米づくりに取り組んでいきたいと考えています。

（新潟県三島郡三島町瓜生一三八六）

現代農業二〇〇〇年七月号　田んぼのわきと、うまくつきあう時代へ　超湿田のわきに光合成細菌　自分で増やせば一リットル五〇円！　食味も過去最高に！

光合成細菌を用水路の水にのせ流し込み

田んぼのわきとうまくつきあう

今年の私の作業計画

〈12月上旬〉　EM菌で発酵ボカシを製造。材料はEM菌と米ヌカ（60%）、油粕（20%）、骨粉（20%）

〈4月中旬〉　元肥にEM発酵ボカシを10a100kgブロードキャスターで散布

〈4月下旬〉　ドライブハローで半不耕起。トラクタの車速は遅く、爪の回転はできる限り速くし、5cm程度の浅耕で田面をかき回すように、縦、横の2回仕上げにする。仕上げ時にモミ酢液を滴下施用（10a2ℓ程度）

〈5月上旬〉　田植え3日後、追肥と除草を目的に、米ヌカ10a50kg散布。米ヌカによる除草が失敗した時は、動力除草機を押す（コナギが思うように除草できないことが多い）

〈5月下旬〉　光合成細菌の拡大培養液を、水口より用水と一緒に流し込む（10a5ℓ）

〈6月中旬〉　米ヌカと化学肥料でつくるボカシ発酵肥料を施肥。チッソ成分で10a2kg目安

〈7月上旬〉　光合成細菌の2回目の流し込み（10a5ℓ）。有機酸を分解させて根の健全化を図る。幼穂形成の助長・登熟歩合の向上をねらう

〈9月中旬〉　イネ刈り予定

平成11年産米食味評価結果

分析：クボタ製食味計「味選人」

品　種	水　分	タンパク質	アミロース	食味値	備　考
コシヒカリ	15.2	5.1	19.5	93	白　米
コシヒカリ	15.2	5.7	16.9	97	玄米・格付A

光合成細菌の威力に驚いた

浅耕無代かき「疎植水中栽培」にピッタリ

薄井勝利　福島県須賀川市

薄井勝利さん（撮影 赤松富仁）

水を浄化し空中チッソも固定

昨年私は、水田に光合成細菌を入れてみました。この菌についての知識も経験もまだ浅いのですが、大きな期待をもっています。

この細菌は光をエネルギー源とし、水田のような水のあるところに生息しています。そして水を浄化するのに働いてくれている。したがって光合成細菌を人為的に増殖させてうまく活かせれば、清水でお米ができるようなものです。

土も浄化してくれます。これまで長いあいだ米の増産のために、水田には農薬・除草剤・化学肥料が投入され続けてきました。それによって、水田にすむ細菌類や微生物群を減少させてきました。光合成細菌は、このような荒れた土を元どおりのよい土に戻してくれるのだそうです。除草剤残留の害をなくしたり、一部の殺虫剤・殺菌剤を分解する力ももっているといわれます。作物に対しては、ウイルス病の治療機能ももっているそうです。

また、光合成細菌を入れると土の温度が高くなることから、田植え後の低温期の根張りをよくすることや、冷害のときの被害を軽減してくれるのではないかという期待もあります。

それに、光合成細菌が分泌する栄養物質には様々な有用細菌が集まります。イネの登熟期には根の周辺に光合成細菌が集まり、根域菌としてアミノ酸態チッソやリン酸の供給もしてくれます。チッソ固定能力があることから肥料の節約にもなるのです。

二回施用、三kg減肥区がいちばんよかった

光合成細菌はふつうの水田にも生息していますが、目的をもって利用するには、菌体を増殖しなければなりません。自然状態での増殖は一般には無理なので、イネにとって必要な時期に合わせて菌体を入れます。九七年は、①中のガス害を軽減すること、②登熟をよくし、増収と食味向上をはかること、を目的に使ってみました。

私の水田では、三〇年間ワラの全量すき込みを続けていますが、深水にしてワラの急激な分解を抑えて初期のガス害を軽減してきました。それをより軽減するために、特に田植え直後の水深の浅い時期に光合成細菌の力を借りようと考えました。

そこでまず、田植え一週間後に湛水状態で

出穂10日前。光合成細菌2～3回施用区は、無施用区に比べ直下根にも分枝根が多く、根量は4～5倍。ガス害で黒くなった根も少ない（撮影 岩下守）

施用しました。私が使った光合成細菌の商品名は「パープルPSB」といいます。反当たり一ℓを一〇〇ℓの水で薄めて、動噴でイネの上から散布しました。

二回目の施用は、直下根が伸長し根量が増加する時期を狙いました。出穂四五日前頃に反当一ℓを水二〇ℓで薄めて、かん水と一緒に水口から点滴流し込み。

三回目は登熟をよくし食味をよくする狙いで、出穂一〇日後に二回目と同じく流し込み施用しました。

なお比較のために、この他に、無施用区と一回施用区（田植え後のみ）、二回施用区（田植え後と出穂三〇日前に施用）もつくりました。また施肥量は、どの区も基本的には反当のチッソ成分で合計一二kgとして比較しましたが、光合成細菌による空気中のチッソ固定の効果も考えて、二回施用区の中にチッソの合計施肥量を九kgにしたところもつくってみました。

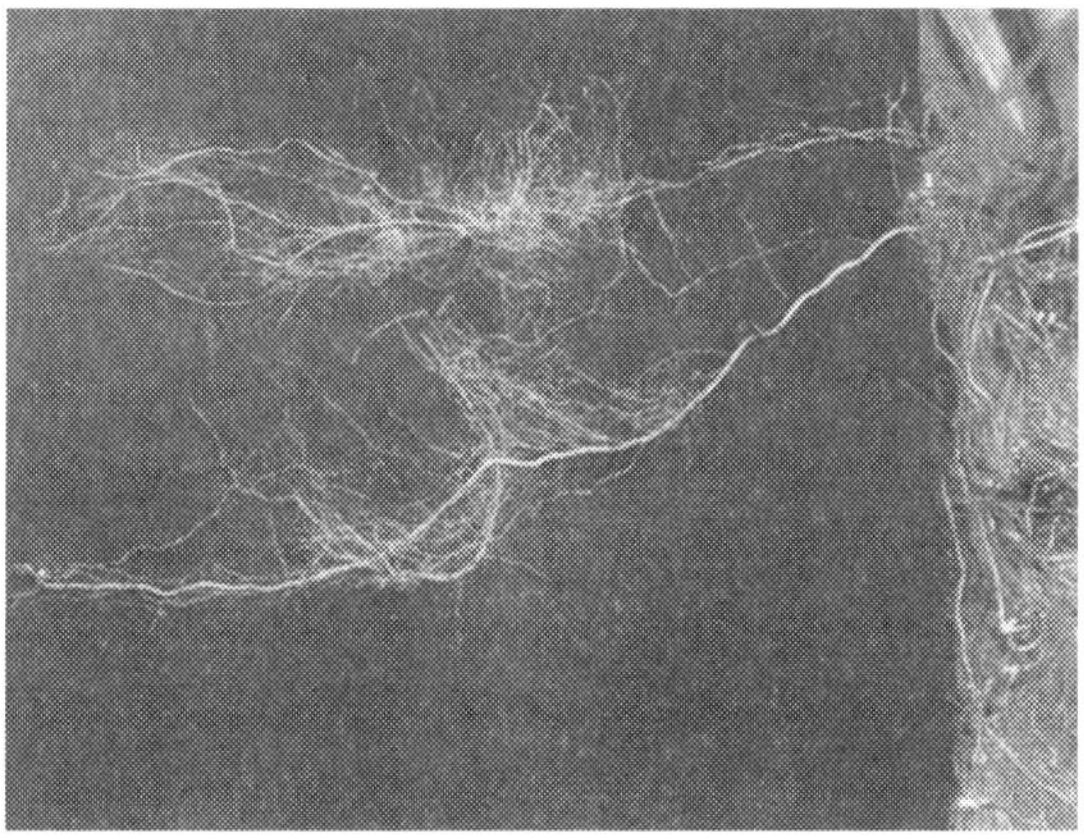

ひとめでわかるのは上根の変化。光合成細菌を施用すると何次にも枝分かれして細根がいっぱい（撮影 岩下守）

結果はなんと、この光合成細菌を二回施用にしてチッソ施肥を九kgに減らした区がもっともよかったのです。反収は整粒が七三〇kgでクズ米が少ない。登熟がとてもよかったのです。三回施用でチッソ一二kgではチッソが効きすぎました。整粒の反収は七五〇kgといちばん多かったのですが、クズ米も六〇kgあった。後述するような、なびき倒伏が始まるのが早かったのです。光合成細菌一ℓで一～一・五kgくらいのチッソ固定能力があるようでした。

葉色が遅くまで濃かったので食味も心配でした。しかし同じく色が濃くても、これは光合成細菌によって固定されたアミノ酸として吸われるチッソが多かったものと思われます。そのせいか、食味は問題ありませんでした。

直下根が五倍、上根は網のよう

イネの姿は、地上部については特に目立った変化は見られませんでしたが、根の変化には驚きました。

ふつうの栽培法に比べると、速効性の元肥チッソゼロ、最大三〇cmの深水にして、出穂四五日前頃から積極的に追肥する私のやり方では、根張りがよいのが特徴です。しかし、光合成細菌を施用するほど、初期の根の太さと分枝根の量がさらに増すのです。また、ガスのせいで根が黒くなる害も軽減されることがうかがわれました。

出穂一〇日前頃に根を掘ってみると、直下根の数が多いこと、上根の細根が網の目のように細く張りめぐらされていることにビックリしました。また、無施用区に比べて施用区では、直下根の太さは細くなるものの、その代わりに根数は明らかに多い。そしてこの時点で、田植え後に施用しただけの区よりも出穂四五日前頃にも施用した区のほうが断然、根量が多いのです。

刈取り後には、地下四〇cmまでの根の分布を調べました。刈取り後一カ月たっていましたが、直下根の数や伸長の様子はハッキリ見えました。無施用区に比べ、二回施用区と三回施用区では直下根の量が四～五倍にもなることがわかりました。二回区と三回区には大差ありません。

なびき倒伏は出たが、光合成細菌を施用した昨年のコシヒカリの反収は730 ～ 750kg
（撮影 赤松富仁）

根域細菌としての役目は十分果たしてくれたと思いました。無施用区に比べれば太さは細いものの、根数が多いぶん、土中の栄養分を吸収する量は多くなるのではないかと考えられます。

軽く干したほうがいい

ただ、なにしろまだ経験の浅い試みなので失敗もありました。前述のように、肥料が多すぎたこともその一つ。

また、光合成細菌は水中でのみ生きて増殖するという前提で管理したので、水を多く長く入れていたのも失敗でした。私は、浅耕（半不耕起）無代かき田植えをします。そこに水をため続けたので、登熟期になっても表土が軟らかく、そこに九月の長雨が重なって「根むくれ現象」が出て、なびき倒伏するイネが出ました。後述するように、出穂四五日前頃に作溝したあとは、いったん軽く干しておいたほうがよさそうです。

菌の働きをよくする浅耕無代かき栽培

少ない経験からですが、光合成細菌をイネづくりにうまく活かすには、次のような栽培法をとるのがいいのではないかと私は考えています。

まず、いくら外から菌を施用しても、それが生きていくのに快適な環境をつくってやらないとうまくいかない。私は無耕起（不耕起）状態がもっともいい条件ではないかと考えています。しかし現在のところ、無耕起では田植えができないので、代かき用のドライブハローを使ってやむなく浅く耕しています。

そして、次に問題になるのは代かきをするかしないかです。代かきの目的は承知していますが、菌類の増殖を優先して考えると土壌環境はできるだけ変えないほうがいい。すると、土を練る代かきはやらないほうが菌にとってはいいのではないでしょうか。

私は、過去五年間は市販の放線菌を使ってきましたが、昨年からは、それに地元菌も加えて有機発酵肥料をつくって元肥として入れています。ケイ酸・リン酸も取り込みたいので、米ヌカ・クズ米の他に骨粉やソフトシリカも加えます。この肥料を浅耕する前に入れています。

この元肥としてやる発酵肥料の菌を活かすにも、水田にもともとすんでいる根域細菌に田植え後に働いてもらうためにも、耕耘は浅くして、代かきはやらないほうがいいのではないかと思うのです。

また、光合成細菌は光をエネルギー源とするので、イネの全生育期間にわたって、できるだけ田面に光が届くことがよい環境ともなります。この点では、疎植が適していると思います。それにチッソ固定能力をうまく活かすには、どの時期でもチッソ肥効を有効活用できる中期重点の疎植水中栽培があっているのではないかと思います。

米ヌカをまけばもっと増殖するかも

光合成細菌の使い方は、昨年の結果から考えて今年は、田植え直後に一ℓ、出穂二〇日前頃に一ℓの二回施用を標準にするつもりです。二回目の施用は、作溝して土を少し固めてから。根むくれが出ないように軽く干してから出穂二〇日前頃に施用します。いったん水がなくなっても、光合成細菌は地下一五㎝くらいまで潜って生きのびることができるのをその後知りました。

その他に一回施用区と三回施用区も引き続きつくって試験します。

また、本誌一九九八年一月号の記事で紹介された千葉美恵子さんのように、除草剤代わりに表面施用した米ヌカが出す物質をエサに光合成細菌が自然増殖した例もあるので、田植え後に米ヌカを散布してから光合成細菌を入れ、菌の増殖をよくする実験も行なうつもりです。

施肥は、これまでどおり有機化成を中心に。我々の栽培法では、分けつを増やしたり太らせるためにやる茎肥はぜひとも必要です。そこで、イネの様子を見ながら穂肥や実肥を減らして調節するつもりです。場合によっては穂肥と実肥はやらなくてすむかもしれません。

なお、私が使っている光合成細菌は、生物学・微生物学博士の全学文先生が開発したものです。常温状態で三カ月は貯蔵可能。これまで他社から発売されている菌のように、冷凍や冷蔵貯蔵の必要はなく利用しやすいものです。

次の世代に、本物の土と環境を残すことが我々の務めです。そのために光合成細菌やその他の有用菌を水田で活用することを研究していきたいと思います。

現代農業一九九八年三月号　手間もコストも減らす菌の力を借りるイネつくり、成功させるカンドコロ　光合成細菌の威力に驚いた　浅耕無代かき、「疎植水中栽培」にピッタリ

刈り跡そのままの状態を4月末にドライブハローで浅耕。このあと水をためて田植え。菌の増殖のためには代かきなしがいい（撮影 岩下守）

代かきなしのゴロゴロした田面でも、ポット苗なら難なく植えられる。耕深が浅いと田植え機の走行もスムーズ（撮影 岩下守）

疎植と深水でゆっくり茎数を確保（写真は落水後）。田面まで光がよく届き、温度上昇とともに増えるチッソ固定を分けつづくりに使えるので、光合成細菌を活かすのにピッタリ（撮影 岩下守）

自然のミネラルと光合成細菌流し込みで抜群の米の実り

松沼憲治　茨城県猿島郡総和町

ミネラルの力で微生物を活性化

　私のイネは収穫時期まで根張りがよく、イネの腰が強く、株をつかむとザラザラして、トゲが立っているのではないかと思うくらいの痛みを感じます。こんなイネができる一番の理由は、冬に浅く耕す前に入れる反当約二五〇kg（一二五ℓ入り二五袋）のくん炭や七〇〇kg（二五〇ℓ入り二〇袋）のモミガラの効果ではないかと思います。くん炭を焼くときはカキガラも混ぜているので、これに含まれるカルシウムやそのほかのミネラルの力も働いているのではないでしょうか。くん炭に混ぜている分とは別に、カキガラそのものもいっしょに六〇kgほど入れています。

　くん炭やモミガラの成分がきっかけとなって田んぼの中で微生物が増殖し、おかげでリン酸やカルシウムの吸収が生育初期からよくなる。そして健康な根を保つ。だから増収も可能になるのではないかと思います。

　一九九六年は、坪四〇株くらいに植えて一株二五～三〇本の太い茎が立ちました。大きな穂は一八〇粒くらいモミが着きます。

光合成細菌で昔の土の香りが戻った

　出穂頃からの管理でも、イネ刈りするまで微生物にできるだけ働いてもらうことを考えます。私が今いちばん効果を感じているのは光合成細菌の働きです。

　宝酒造（株）が製造している市販の光合成細菌を施用するようになって今年で三年目。八月上旬の出穂時には、冷凍された菌を一〇a当たり二〇g、水口から五分くらいで流し込みます。水量や時間はあまり気にして

松沼さんのイネ出穂時。株をつかむとガリガリした葉っぱが痛いほど

松沼憲治さん

いません。なにしろ一gに数え切れないほどすんでいるという微生物のことですから。

光合成細菌は、代かきのときと田植え後一〇日頃にも施用しています。代かき時は一〇a当たり三〇gを約二〇〇倍に薄めて全面散布。田んぼの水に広がって、全体で一〇〇〇倍くらいに薄まるように施用しています。田植え一〇日後には、一〇a当たり二〇gを出穂時と同じ要領で流し込みます。

光合成細菌を使うようになってからは、出穂前の田んぼに入ると、網の上を歩いているような感じがします。裸足で入るとよくわかりますが、根張りが以前と比べて明らかに違うのです。また、表層の泥がしっとりと滑らかな感触がするのも特徴です。もっともこの泥の変化には、アイガモを入れていることも関係しているのかもしれません。

今から三〇年ほど前までは、九月の彼岸頃のイネ刈り時になると、田んぼの土は独特の香りがしたものでした。その香りが、最近になってようやく戻ってきました。これが光合成細菌の香りではないかと思います。

解凍した光合成細菌は赤いドロドロした液状。田植え10日後と出穂時には10a当たり20ｇを流し込み施用

カキガラ溶かしてCa入りモミ酢

もう一つ、根の働きを助けて米の稔りをよくするために使っている〝特効薬〟があります。自家製の水溶性カルシウム（Ca）「カルシウム入りモミ酢」です。

これは、くん炭をつくるときに採れるモミ酢を使ってつくります。二〇ℓ入りのポリ容器にモミ酢をいっぱいに入れて、そこに肥料用の粉末カキガラ約二五〇gを入れるだけ。初めはポツポツと小さな泡が浮かんでくるだけですが、二〜三分もするとカキガラが上下に動き始め、シュワシュワと音を立てながら大きなアワが水面いっぱいにどんどん広がります。モミ酢に粘りけがあるせいか、指先で少々押したくらいではこの泡は破れません。初めて来た方にはよく見せてあげるのですが、みなさんビックリします。

翌日にもさらにカキガラを二五〇g加えると、前日と同じように溶けてしまいます。二〇ℓのモミ酢には、だいたい五〇〇gのカキガラを溶かす力がありそうです。二〜三日後には、全部溶けてほとんど見えなくなってしまいます。ちなみに、市販の木酢液にカキガラを入れてみたこともありましたが、自家採取のモミ酢ほどは溶けませんでした。

この中には、カルシウムはもちろんその他のミネラルも溶けていると思います。モミ酢は自家採取だし、カキガラも二〇kg七五〇円と安い肥料ですから、コストを気にせず、田んぼにもどんどん使えます。後述するように葉面散布もしますが、それとは別に年間二〇ℓを、四～五回に分けて適当な時期に流し込みます。

穂づくり時期は天恵緑汁を混ぜて

一回目の葉面散布は田植えの二〇日後くらいに一〇〇〇倍で。次に七月中旬の穂づくりが始まっている時期に、カルシウム入りモミ酢と天恵緑汁をいっしょに混ぜて、それぞれ一〇〇〇倍になるように一〇a当たり一五〇ℓ散布します。こうして出穂に備えるわけです。

なお以前は、この頃から水を切って、ラクに歩けるくらいに干したものでした。しかしアイガモを入れるようになってからの四年間は、水はためっぱなし。干すのは、八月上旬に出穂してカモを引き上げてからです。

ただそれも数日間で、ふたたび水を入れ、刈取り一〇日前まで水は切らしません。水を切らないほうがイネにとってはよさそうです。そのほうが光合成細菌もよく働いてくれるのではないでしょうか。刈取りのとき、田んぼが少しグチャグチャしていたほうが実入りがよいと思います。

天然塩も加えて〝ムチ入れ〟

さて、カルシウム入りモミ酢の最後の散布は刈取り一週間前です。カルシウム入りモミ酢が一〇〇〇倍、それに天然塩を一五〇〇倍になるように混ぜて葉面散布。一〇a当たり二〇〇ℓをタップリと散布します。実入りに必要なカルシウムやミネラルを葉面から吸収させて根を助け、最後のひと稔りをさせるわけです。

この葉面散布はイネに限らず野菜でも同じことで、ジャガイモやキャベツの収穫前にも行なっています。競馬にたとえればゴール前のムチ入れと同じ。イネの場合は、落ちこぼれを少なくして、パンパンに実を入れてやるのが狙いです。

カルシウム入りモミ酢の１回目の葉面散布。田植え20日後頃

一九九七年九月号　光合成細菌と自家製カルシウム入りモミ酢 パンパンに実を入れる強い味方

油を加えると増殖スピードアップ！水質維持効果も長持ち！

編集部

増殖スピードを高める油添加

納豆でキクの白サビ病を封じ込めた愛知県の小久保恭洋さんも光合成細菌をジャンジャン培養している。キクのハウスにかん注すると微生物がすぐに殖え、土がよくなるからだ。

培養するとき、小久保さんは菌のエサに油をちょっと入れてやる。すると増殖スピードが二倍くらい速くなるのだそうだ。真っ赤になる色具合やニオイを嗅いでみても、「すごく殖えたな」と思えるような仕上がりになる。

でもなぜ油なのか。小久保さんが趣味にしている熱帯魚関係の人から聞いた情報だそうだが、熱帯魚の輸送には光合成細菌が使われているらしい。効率的に運ぶため魚を入れる水槽は小さいが、そこに排泄物が溜まると熱帯魚の寿命が短くなる。排泄物を光合成細菌に分解させ、水を浄化させるのが目的だ。さらに、その光合成細菌を長生きさせるため、油を浸みこませたスポンジを必ず入れているという。

小久保さんはそれをヒントにやってみたわけだ。

「たった二、三滴入れるだけですけど、ぜんぜん違うんですよ。油が好きなんでしょうね」

小久保さんが培養するときの元菌とエサ

【18ℓ（液肥の容器）の水に対して】

・元菌

PSB（シマテック）　400cc

・エサ

粉ミルク	スプーン2杯（ミルクについているスプーン）
重曹	50～60g
クエン酸	20g
イースト	5g
だしの素	10g
サラダ油	2～3滴

肥料代がまたジワジワ上がってきた
液肥を自分でつくるパワー菌液も高級液肥
光合成細菌は油を入れると一気に殖える

活魚の輸送にも油入り光合成細菌液がいい！

ところで、小久保さんと同じことをいう人がもう一人いる。「拮抗微生物農法」を提唱している千葉県八千代町の斎藤正明さんだ。

じつは斎藤さん、現在漁業関係の仕事をしているが、活魚の輸送にもやはり光合成細菌が使われているという。斎藤さんは試験もしたことがあるそうだが、油入りの光合成細菌液の魚は七日生き、油なしの光合成細菌液で三日で死んだ。

また、割合は、「光合成細菌四ℓに油一滴」がいちばんよかったそうだ。

現代農業二〇一一年十月号　光合成細菌は油を入れると一気に殖える

元菌は田んぼ　殖やすエサは粉ミルク

光合成細菌流し込みで大粒米実現

猪熊文夫さん　栃木県岩舟町　編集部

田んぼから光合成細菌を採取

猪熊さん一家は、菌に囲まれて暮らしている。一服するときは季節の野草を砂糖で漬け込んで発酵させた「野草ドリンク」などを飲み、手や顔を洗うときは粉石鹸をEM発酵液で練ってつくった自家製石鹸を使用、下水はEMや光合成細菌を使った浄化槽で処理して流す……。生活のあらゆる場面で、いろんな菌が大活躍。

田んぼでも、自家製ボカシを使った「微生物農法」を実践。化学肥料や農薬は使わないにもかかわらず病害虫の心配はなく、地域平均なみの七俵強の収量を上げてきた。

特にここ二年、効果を実感しているのが光合成細菌の利用である。梅雨明けに流し込むことで、秋落ちの傾向がなくなって粒の大きな米がとれ、産直のお客さんたちにも「おいしい！」とますます喜ばれるようになった。

しかも猪熊さん、買ったら高い光合成細菌を、ものすごく安く、かつ簡単に培養する方法も発見。なんと元菌まで、自分の田んぼから採ってしまうのである。

それでは、安く簡単に培養できる光合成細菌で稔りをアップさせる猪熊さんのやり方を紹介しよう。

夏場の田んぼの赤い部分をすくう

まずは光合成細菌の培養の仕方。猪熊さんも、最初は市販の培養セット（三河環境微生物さとう研究所が販売）を買って殖やし始めた。これなら元菌をエサ（塩化アンモニウムや炭酸水素ナトリウム等の薬品）に混ぜるだけなので誰でも簡単に培養できるし、一〇ℓで何万円もする光合成細菌資材を買うよりはよっぽど安い。

それでも元菌を買うには二〇ℓで五〇〇〇円かかるし、エサも二〇ℓごとに六〇〇〇円はかかる。

どうにか身のまわりのものからつくれないかと考えていた七月のある日、田んぼの一部で土の表面が赤くなっているところを見つけた。いかにも光合成細菌が繁殖しているような色に見えたので、その赤い部分の土を一五ℓくらい網でそっとすくって持ち帰ってエサを溶かした桶に入れて日なたに置き、一日一回かき混ぜた。

ところが、いつまで経っても市販のもののように赤くならない。これは失敗だ、仕方がないから捨てようと桶をひっくり返したところ、壁面が真っ赤になっているではないか！

今度はその赤い部分をキレイな手ぬぐいで

猪熊文夫さん。無農薬無化学肥料の稲作歴約40年。４条ごとの条抜き田植えにも挑戦

田んぼの土から培養した光合成細菌。液の色は見事に赤い

ふき取り、一〇ℓくらいの水にゆすぎ出した。エサを加えて再び日なたに置き、一日一回かき混ぜ続けると……、一〇日も経つと溶液全体が赤くなり、独特のドブ臭いニオイがしてきた。培養は成功したのだ。

光合成細菌は、「田んぼはもちろん、沼やドブなどどこにでもいる土着菌」とよくいわれるものの、これまで田んぼから採取したという農家はあまりいなかった。だが「気温が高くなる梅雨明け以降なら、たいていの田んぼで土の表面が赤くなっている部分は見つけられるよ」と猪熊さんはいう。

この時期は、田んぼに残ったワラが急激に分解され、エサとなる硫化水素なども急増。光合成細菌も自然と繁殖する時期だから、赤い部分を見つけたら、培養にトライする価値は十分にある。

エサは粉ミルクがいい

またエサについても猪熊さんは、どこででも手に入るものが使えることをつきとめた。なんと粉ミルクである。

「すべての栄養素を含んでいるし、魚エキスとかと同じように光合成細菌の好きなタンパク質も多い」ことから試しに使ってみたら、思った通り光合成細菌がよく殖えた。しかも粉ミルク付属のスプーン山盛り五杯で五〇ℓも培養液ができるので、コストもかなり安くすむ。

梅雨明けの流し込みで秋落ち解消

田んぼの元菌と粉ミルクで安くつくった光合成細菌だから、ジャンジャン使うこともできる。まずは梅雨明けの流し込み。

元肥も穂肥もボカシ肥しか使わない猪熊さんの田んぼでは、「たくさんの微生物がつくったものとか、その死骸」が肥料分。そこからイネが生育ステージごとに必要とするものを吸うことで、収量も品質も上がると考えている。だから吸収力の高い元気なイネの根っこの状態を保つことが、何より重要になってくる。

特に注意しなければいけないのが、梅雨明け以降の「田んぼのわき」。気温・水温がかなり高くなるにしたがって発生する硫化水素などによってイネの根っこが赤黒くなり、吸収力が大幅に落ちてしまうからだ。

六～七年前からEMを使って有用微生物を殖やしてきた猪熊さんの田んぼでも、以前は梅雨明け以降にややイネの元気がなくなり、そのせいか若干ではあるが秋落ちするような傾向があった。

そこで二年前から、光合成細菌と米のとぎ汁EM発酵液をそれぞれ一〇倍くらいに薄めたものを反当たり三〇ℓずつ、梅雨明けの田んぼに流し込むようにした。

ちなみにEM発酵液と合わせて使うのは、「光合成細菌は、単独で使うよりも乳酸菌や酵母とかと合わせたほうがよく働く」からである。

結果として「田んぼのわき」はなくなり、以前のイネより下葉の枯れも減って秋落ち傾向が解消。穂も粒も大きいイネができるようになった。

しかも、これまでは建物の陰になって伸びすぎて倒伏することが多かった部分まで、なぜか「太陽が当たるところと同じようにできる」ようになって倒伏することもなくなった。

「光合成細菌が、硫化水素やメタンなんかを無害化してイネの根っこを守るのと同時に、アミノ酸などの有用なものをつくってくれる」おかげだと猪熊さんは思っている。

猪熊さんの光合成細菌培養法

【材料（50ℓ分）】

元菌………10～15ℓ
粉ミルク…付属のスプーン山盛り5杯
重曹………100g
クエン酸…大さじ2杯
水…………適量

【つくり方】

① 元菌を入れる
② 粉ミルクを適量のお湯に溶かしたものを加える
③ ケースの半分くらいまで水を足す
④ 重曹とクエン酸を1～1.5ℓの水に溶かしたものを加える
⑤ ケースいっぱいに水を入れ、透明のビニールかラップを液に直接のせてからフタをして空気を遮断する
⑥ 日なたに置き、1日1回かき混ぜる。夏場なら10日、冬場なら20日くらいで溶液が赤くなり、独特のドブ臭がするようになったら培養完了

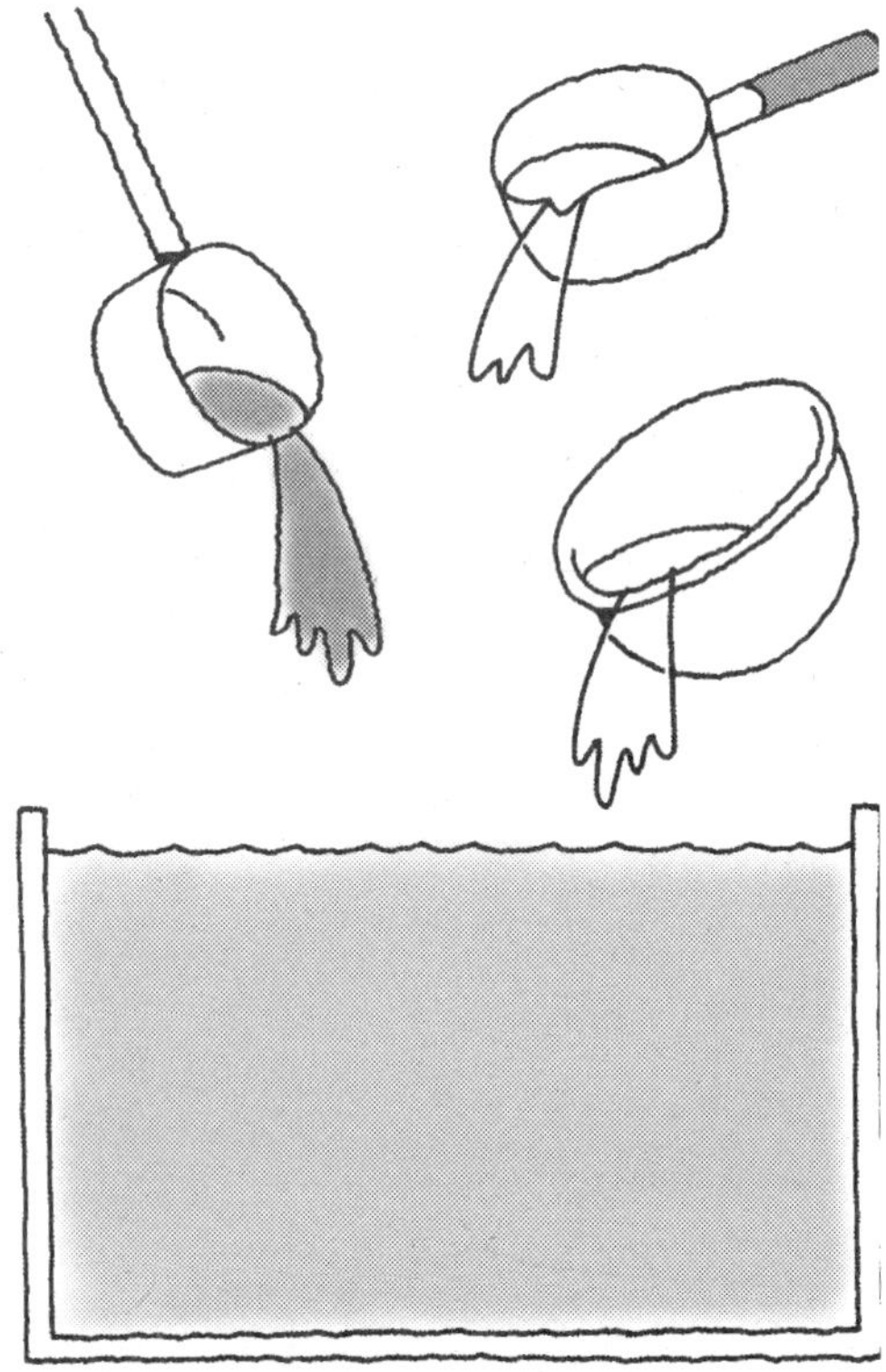

半透明の衣装ケース（50ℓ）

乾燥時と米袋の内側にも使って貯蔵性もアップ!?

さらに猪熊さんは、収穫後の米にも光合成細菌を使っている。

まずはお米の乾燥時。超音波加湿器の中に光合成細菌の一〇〇倍液を入れて蒸発させたものを、吸気口から吸い込ませて乾燥機内全体に行き渡らせる。

流し込みには自作の蛇口付き桶を使い、3反分90ℓが半日くらいでなくなるようなペースで水口に少しずつ落とした。ラクだが時間がかかるので、葉面散布に挑戦しようと思っている

出荷に使う米袋にも、光合成細菌の一〇〇倍液とEMスーパーセラ発酵C（EMなどを混ぜた粘土を焼いたものの粉末・丸石窯業原料）の上澄み液を噴霧器で内側全体に散布。

おかげで「古い米でもかえっておいしいくらい」と言われるほど、非常に貯蔵性がよくなっている。微量であるためか、ニオイもまったく問題ないらしい。

そしてじつは猪熊さん、農業利用だけでは飽きたらず、なんと光合成細菌を自ら飲んでもいる。「貧血の特効薬」なんだとか……。全幅の信頼を寄せている光合成細菌、とにかく「試してみたらいいですよ」と語ってくれた。

現代農業二〇〇九年八月号　田んぼの元菌＋粉ミルクでどんどん培養・ジャンジャン使える

溶液の色が赤くなり、鼻をつくような独特のドブ臭がするようになったら培養成功

培養後、すぐに使わないときは、殖えすぎてエサを食い尽くしてしまわないように黒い遮光ネットをかけておく

光合成細菌を活かすイナ作の実際

小林達治（国際応用生物研究所）

光合成細菌利用の生態と機能

三五億年前に誕生した光合成細菌は、光エネルギーを使って炭酸同化作用や窒素固定作用を行ない有機物を生産し、地球環境の形成に大きな役割を果たしてきた微生物である。現在でも水田、河川、下水処理場、海岸土、湖など、湛水状態の所にはほとんど生存している。光合成細菌は酸素のない環境（還元状態）でも生存・繁殖できるからである（絶対的嫌気性、条件的嫌気性細菌）。

水稲栽培では畑作のように多く肥料を施さなくとも、また多年にわたって無肥料で栽培しても一定の収量が確保できるのは、この光合成細菌による土壌中の有機物の増加・肥沃化によっている。さらに光合成細菌は、炭酸同化作用の過程で、土壌の還元状態で発生し根に障害を与える硫化水素などの有害物を無毒化し除去する。

また、光合成細菌に限らず多くの土壌微生物は、各種アミノ酸や核酸やビタミンなどを分泌し、根に直接供給している。有機物が多いとこれらの土壌微生物が繁殖するが、植物はこれらが供給する有機栄養も吸収し、根の生理活性を高めている。有機栽培が見直されているのは、このためである。第１図は、化学肥料（無機栄養）と完熟堆肥で育てた水稲の根毛の比較である。完熟堆肥で育てたもの（ａ）は、細かな長い根毛が無数に発達しているのに対して、化学肥料だけのもの（ｂ）はほとんど発育していない。この原因は吸収する栄養の種類、形態が違うからだと思われる。

光合成細菌の分泌物は他の微生物と比較して、アミノ酸のなかでも生殖生長を促し充実させるプロリンが多く、さらに他の微生物ではみられない高エネルギーリン酸化合物であるＡＴＰ、ＡＤＰ、ＧＤＰを細胞外に分泌す

第１図　水稲根毛の顕微鏡写真（×200）

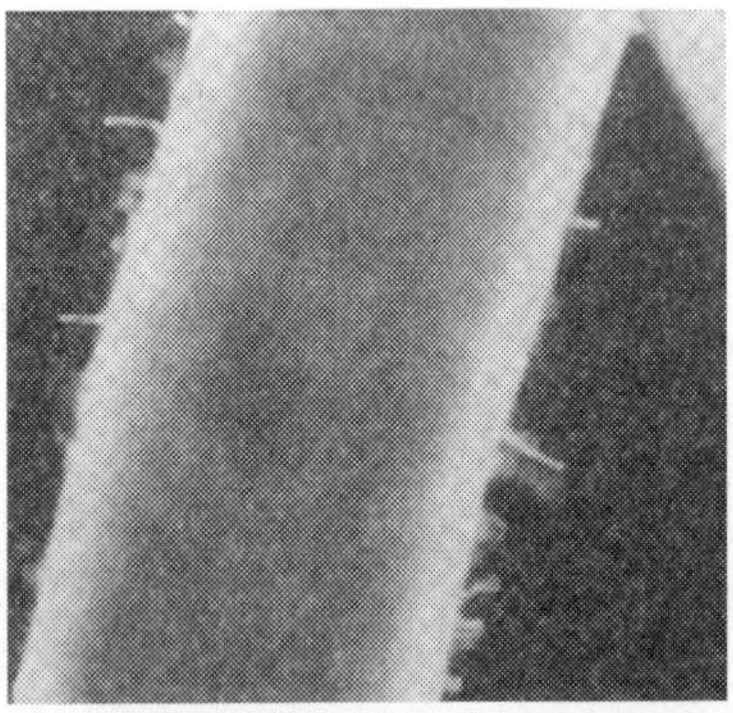

a：無機の化学肥料の場合は根毛の発育はよくない

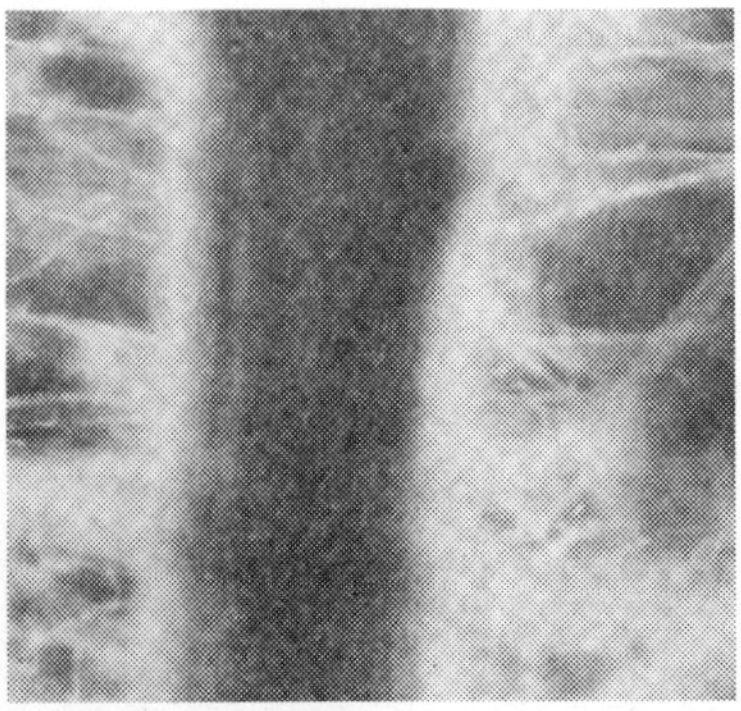

b：完熟堆肥の場合は多数の元気な根毛が発育してくる

る。これらが根から吸収されると、根は葉から送られるこれらの光合成産物が補完され栄養代謝がいっそう活性化する。

以上のように、光合成細菌は土壌を肥沃化し、根に有害な物質を除去し、根の栄養代謝を活性化し、さらに生殖生長の生理活性を高めるなどの機能を果たしている。そのため、各種の光合成細菌生体資材が開発・市販されるようになり、全国各地の農家、とくに有機栽培農家から注目を集め、一〇a八〇〇～一〇〇〇kgもの良食味多収栽培事例が数多く見られるようになった。

稲の生育と光合成細菌利用の効果

①生殖生長期の根腐れ防止

水稲は田植え後、出葉するごとに三葉下の葉から分げつを発生させ栄養生長を続ける。この間にわらなどの未熟有機物を分解する好気性微生物が酸素を消費し、徐々に溶存酸素が少なくなり還元状態となる。イネの根には地上の葉から空気（酸素）を根に供給する通気組織が発達し、湛水下の還元状態でも根の呼吸作用を維持している。

しかし、生殖生長期には根の酸化力が低下し、還元状態がさらに進むと、有害な硫化水素や有機酸、カダベリンなどの有毒アミンを生産する硫酸還元菌などが増え、根の呼吸が困難になり、有害物質が根に障害を及ぼし根腐れを発生させる。

一般にこの時期は、止葉が出葉し始める出穂前十五日前ころより顕著になる（生わらなどの未熟有機物が多い場合はもっと早くから発生する）。

この時期は気温も上昇し水温・地温が上がり微生物の活動も旺盛になり、ますます還元化が進み、水稲も幼穂の発達に栄養分を取られ根の活性が低下しやすい時期である。

第２図　光合成細菌による水田土壌の有害物質除去

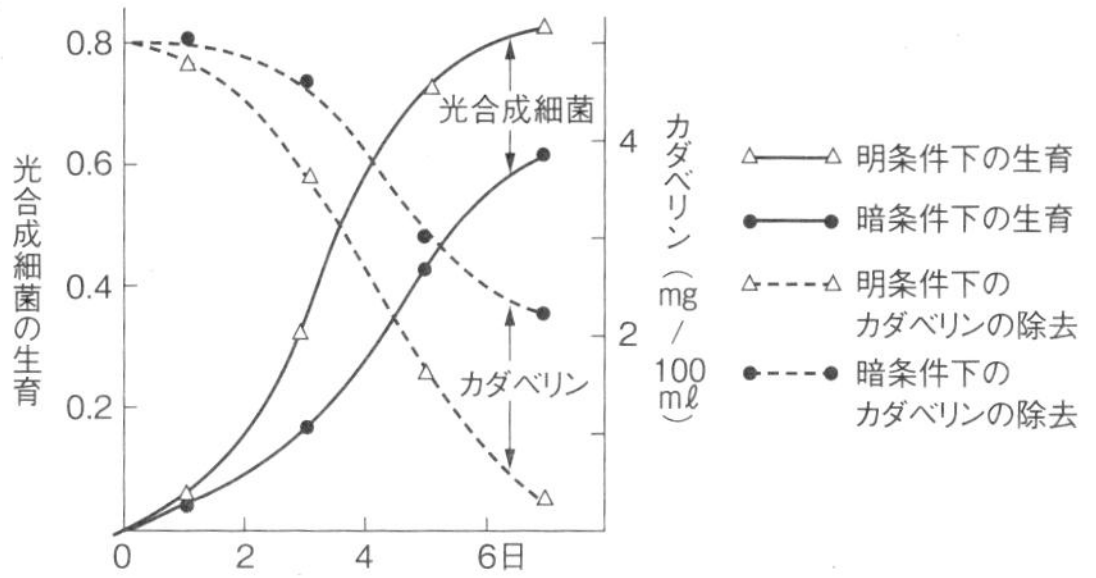

（カダベリン培地における光合成細菌（R.カプシュラータ）の生育とカダベリンの消長）

（カダベリン培地における光合成細菌（R.カプシュラータ）の生育とカダベリンの消長）

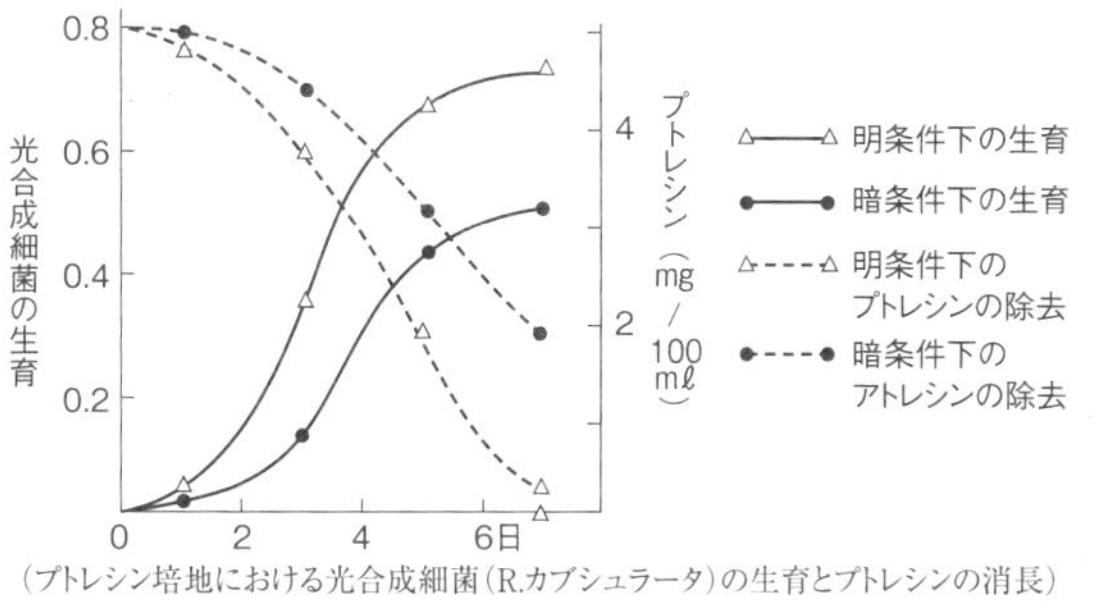

（プトレシン培地における光合成細菌（R.カプシュラータ）の生育とプトレシンの消長）

（プトレシン培地における光合成細菌（R.カプシュラータ）の生育とプトレシンの消長）

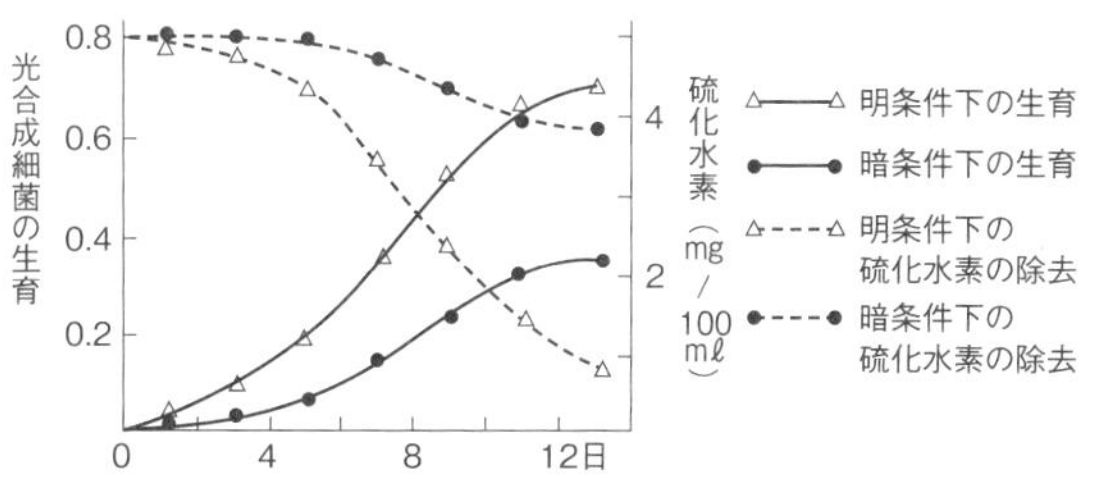

（硫化水素培地における光合成細菌（R.クロマティウム）の生育と硫化水素の消長）

（硫化水素培地における光合成細菌（R.クロマティウム）の生育と硫化水素の消長）

この根の障害が進んだ場合が、根腐れによる「秋落ち」現象である。根腐れが進むと養水分が根から供給されにくくなり下葉も枯れ上がり、炭酸同化作用も低下する。そのため無効分げつや未熟粒が多くなり、登熟が低下し食味も悪くなる。

しかし、光合成細菌の活性がよいと、還元状態になり有害物質が多くなるにつれ光合成細菌が増え、第２図のように有害物質（硫化水素、カダベリン、プトレシンなど）を除去し、弱った根に有用なアミノ酸や核酸などを直接供給してくれる。

光合成細菌は水稲にとっては、一番正念場となる生殖生長期の根の生理活性を高める「救いの神」である。この期間に光合成細菌を投与しその活動を増強すれば、さらに根の生理活性が高まり秋勝り生育となって増収する。

②穂や千粒重が大きくなり増収し食味向上

イネに限らず植物は、第2表のように生殖生長が開始されるとアミノ酸ではプロリンやスレオニン、核酸ではウラシルやシトシン合成が多くなり、生殖細胞を中心に取り込まれる。第1表のようにプロリンとウラシルを果菜に追肥すると、果実数も増え果実の重さも増す。イネも第2表にみられるように、生殖生長期には、幼穂などにプロリン、スレオニンなどのアミノ酸や、ウラシル、シトシンなどの核酸が非常に多く取り込まれる。これらの有機栄養物は微生物菌体やその分泌物に含まれており、微生物の繁殖がいいほど根からも吸収され、生殖生長が促進される。

光合成細菌の分泌物にはこのプロリンが多い。生殖生長期に光合成細菌を投与すると枝梗数も一穂粒数も増え、生殖細胞も充実してくる。そのうえ、根の活性が高まり出穂後も活力が持続するため、登熟歩合が高まり千粒重も多くなる。一穂粒数は一二〇～二四〇粒、登熟歩合は八〇～九〇％、千粒重は二五～二七gにもなり、玄米収量は八〇〇～一二〇〇kgにもなる事例が多い。しかも、化学肥料の窒素肥料の穂肥で追い込んだ水稲の米と違い、マグネシウムやリンサンの吸収がよくなり食味が向上する。無機質肥料で作った慣行の米よりも、食味計で五～一〇ポイントくらいおいしい米になる。また、一般に光合成細菌を投与すると、生殖生長が促進され、出穂がやや早まる傾向がある。

第1表　プロリンとウラシルの追肥用肥料としての効果
（トマト・ナス・ピーマン使用）

項目 / 処理	果実の数			果実の重さ		
	トマト（個）	ナス（個）	ピーマン（個）	トマト（g）	ナス（g）	ピーマン（g）
対照区（硫安）	4	9	11	46.29	252	129.9
プロリン	5	9	17	64.74	279	117.9
ウラシル	10	11	16	60.90	279	166.8
ウラシル＋プロリン	15	9	20	256.98	340.5	198.0

第2表　水稲の栄養生長期および生殖生長期における
アミノ酸のタンパク質への取込み、ならびに
核酸塩基類の高分子核酸への取込み比較

^{14}C －アミノ酸		タンパク質への取込み比較（生殖生長期/栄養生長期比，％）	タンパク質への取込み比較（幼穂/栄養生長期比，％）
アスパラギン酸		35.5	25.6
グルタミン酸		100.0	100.0
スレオニン		470.0	710.0
プロリン		711.0	487.0
^{14}C －核酸塩基		高分子核酸への取込み比較（生殖生長期/栄養生長期比，％）	高分子核酸への取込み比較（幼穂/栄養生長期比，％）
プリン塩基	アデニン	100	100
	グアニン	142	127
ピリミジン塩基	シトシン	981	980
	ウラシル	950	5,200

③減肥、減農薬が可能

光合成細菌は地表や一五cmくらいの表層の作土層に生息し、弱い光で炭酸同化・窒素固定作用をし、有機物を生産し土壌に供給するので、しだいに水田土壌が肥沃化する。とくに完熟した有機物が多く、好気性の微生物が多いほど光合成細菌が増殖しやすくなるため、完熟した堆肥を入れ有機質肥料で栽培すると相乗的に肥沃になり、減肥が可能になる。

また、化学肥料主体の慣行栽培では、窒素やカリなどの吸収しやすい無機栄養が優先的に吸収されるため、茎葉が軟弱に薄くなり、イモチ病などの病害虫に侵されやすくなり、多収を狙い多肥栽培になるほど薬剤に頼らざるを得なくなる。完熟堆肥と光合成細菌を主体にした栽培では、バランスのとれた肥料分が水稲の生長に合わせて分解・供給されるとともに、分泌されたアミノ酸や核酸、ビタミン類も吸収されるため、茎葉は堅く厚くなり健全になり、根優先に生育し過繁茂になりにくい。そのため、病原菌にも侵されにくくなり、減農薬が可能になる。

④地温が上昇し冷害に強くなる

完熟堆肥や有機質肥料主体に施すと有用微生物が増殖し、その活動（呼吸作用）によって発熱反応が起こり、地温が上昇する。また、有機物の分解過程ではその分泌するアミノ酸、低分子量核酸類、低級脂肪酸などが多量に浸出し、光合成細菌がそれを基質に増殖し、太陽エネルギー（遠赤外線を含む）を吸収するため、地温はさらに上昇する。

そのような土壌環境では前述したように根毛の発達した生理活性の高い根群となるため、地温の上昇効果上相乗され、異常気象や冷害年の異常な低温気象にも充分に耐え抜くことができる。また、春先の地温も上昇するため、移植を早めることも可能になる。

光合成細菌利用稲作の実際

①完熟堆肥を併用するのが原則

光合成細菌をいくら投与しても、その環境が光合成細菌の繁殖する条件になければ、効果は発揮されない。次ページ第3表のように光合成細菌は嫌気的・明条件下で最高に繁殖し窒素固定を行なう。しかし好気的・暗条件下では、著しく低下してしまう。しかし、水田の表層土壌は明条件であるが好気的であり、表層数cm以下は、湛水状態では嫌気的ではあるが暗条件である。ところが、同第3図に示したように、堆肥の発酵過程で増殖する好気的有機栄養細菌を混合すると、好気的・暗条件下でも盛んに窒素固定を行なう。つまり、光合成細菌は、堆肥などに多い好気的有機栄養細菌と共生することによって、その繁殖や活動が著しく促進される。光合成細菌の活性を強め効果を増強する第一条件は、好気性細菌の多い完熟堆肥を投入することである。

完熟堆肥とは、素材有機物の易分解性物質が種々の微生物によって分解され尽くされ、多種類の微生物が難分解性有機素材に雑居、共存する微生物菌体といえる。生わらや未熟有機物では、まだ易分解素材が残っているため、還元状態の水田土壌に施されると、硫酸還元菌などの有害な微生物が繁殖し、根に障害を与える。このようなときに光合成細菌を投与すると有毒物質を除去し、障害をなくし効果を相乗的に高めることになる。

完熟堆肥は嫌気的な水田土壌に施されると、好気性菌は窒息し自己消化したり、光合成細菌などの嫌気性菌の基質になって分解されていく。この過程で少しずつアミノ酸や核酸類、低級脂肪酸、ビタミン類などが浸出して、根に供給されたり、光合成細菌がこれを基質に大量に増殖を繰り返し活性化する。完熟堆肥を施用すると前述したようにこれらを吸収する根毛が非常に発達し、吸収効率が高まる。無機肥料主体の栽培では、このような効果が得られないため、光合成細菌を投与しても大きな効果が期待できない。

光合成細菌を水田で活性化させるには、根圏域で根腐れを誘因する物質や有害菌の密度の低い完熟堆肥が必要である。完熟堆肥は晩秋と春に一〇a一tずつ二t施用するとよい。完熟堆肥は入手も困難でコストもかかるため投入し続けることは難しい。筆者らは下水汚泥を好気性菌主体で発酵（減圧併流発酵）させた完熟堆肥（スーパーソイル）をすすめている。この完熟堆肥は経済的にも安価で有害菌も死滅している。ただ、第4表のように窒素とリン酸に比べカリが極端に少ないため、珪酸カリを加えれば、しだいに地力もついてきてほとんど無機肥料に頼らなくてもよくなる。

②光合成細菌資材は出穂前三〇～四〇日と穂肥・実肥時に

光合成細菌資材は多く何回も施すほど効果

があるが、経費もかさむので、最低、土壌の還元化が進み根の酸化力も衰え始める出穂期の三〇〜四〇日前と出穂期の二回施すとよい。着粒数を増やしそれを登熟させるには出穂三〇〜四〇日から成熟期までの投与が重要になる。しかし、生わらの量が多かったり透水性が悪くガスの湧きやすい圃場では、代かき時やガス湧きの激しいときなどに施用するとよい。また、何回かに分施してもよい。たとえば、ＴａｋａｒａＰＳＢは一〇ａ当たり一〇〇〜一五〇ｇを一〇〜二〇ℓの水に懸濁して出穂前三〇〜四〇日に流し込めばよいが、代かき時、出穂前三〇〜四〇日、穂肥・実肥時に三〇〜五〇ｇずつ分施してもよい。

また、不耕起栽培では生わらなどが表面に堆積しその下の表面が強い還元状態となるが、還元状態で活発に増殖する光合成細菌を補ってやれば、有害物質除去効果が増し非常に効果的である。

液剤は規定の希釈倍率に溶かし水口から点滴投与して流し込んだり、動噴で全面に散布する。水はけのよくない圃場では、前日までに落水しておき、翌朝水とともに流し込むと均一に土壌中に潜り込む。

市販されている光合成細菌（紅色非硫黄細菌、紅色硫黄細菌）は、好気的条件下でも活動するので、落水時や間断灌水時に施しても構わない。中干しは還元状態になった土壌を干して酸化状態（好気的状態）にする作業だが、光合成細菌を投与すれば必要がなくなるが、やってもやらなくてもよい。穂が大きく着粒数が多くなるほど、落水は極力遅くし根の活力を持続させたい。

肥料は連年、完熟堆肥を二ｔ入れ光合成細菌を投与すれば一〇ａ一ｔくらいの収量を確保する肥料成分は確保できる。しかし、完熟堆肥の量が少なかったり、導入当初は生育をみて追肥で補っていく必要がある。着粒数が多くなるので必要とする肥料成分も多くな

第３表　光合成細菌（R.カプシュラータ）による窒素固定（酪酸を基質とし、静置３週間培養）

条件		窒素固定量 Nmg／100mℓ	指数
好気	明	1.01	(16.8)
	暗	0.09	(1.5)
嫌気	明	6.00	(100)
	暗	0.04	(0.7)

第３図　照明、暗黒条件下における光合成菌（R.カプシュラータ）と有機栄養細菌（B.メガテリウム）の単独ならびに混合培養での生育量の比較（振とう培養：好気条件）

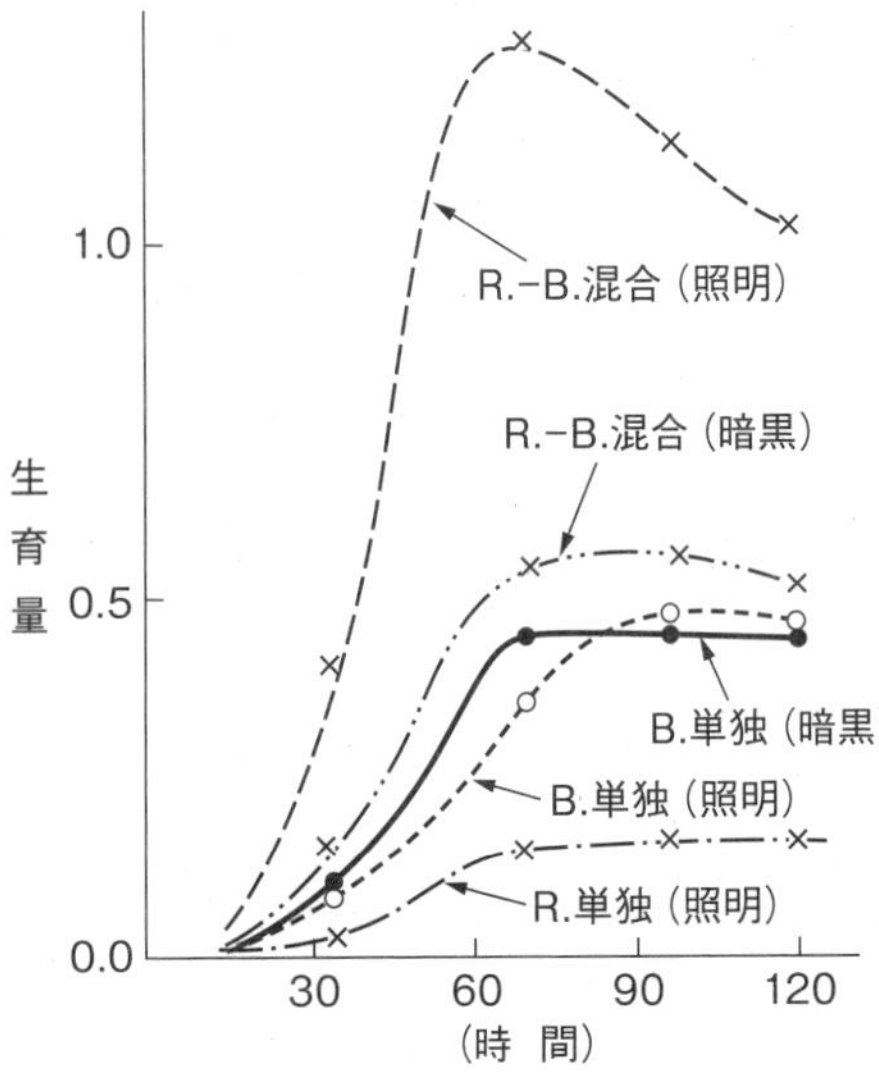

第４表　下水汚泥の好気性発酵堆肥中の成分

成分	含有率（％）（乾物当たり）
全窒素	2.5
全リン酸（P_2O_5）	1.2
カリ（K_{20}）	0.15
カルシウム	20.0
マグネシウム（MgO）	0.5
全炭素（C）	28.0
鉄	4.5
亜鉛	0.1
	ppm濃度
カドミウム	0.2
クロム	0.8
鉛	0.9
水銀	検出せず

る。ただし、生育期別の吸収量からみて基肥は減らし、出穂前三〇～四〇日からの穂肥・実肥で補っていくこと。肥料は光合成細菌の基質となる有機栄養成分を含む有機液肥がいい。これに光合成細菌を混合し流し込めば楽で相乗効果が期待できる。

第４図－ａ　水稲幼苗を低温にさらした場合の生育状況

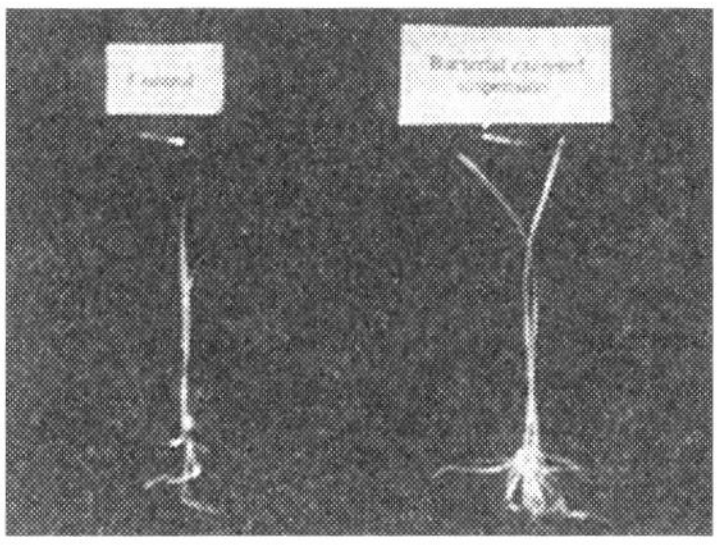

左側：対照は無機化学肥料の場合
右側：完熟堆肥の場合
籾を17℃で発芽させた後1日、6時間7℃の低温に5回さらしたときの幼苗の生育状況：完熟堆肥の場合は低温の影響をあまり受けていない

第４図－ｂ　第４図－ａの条件のものをフラスコ寒天培地の底から見た写真

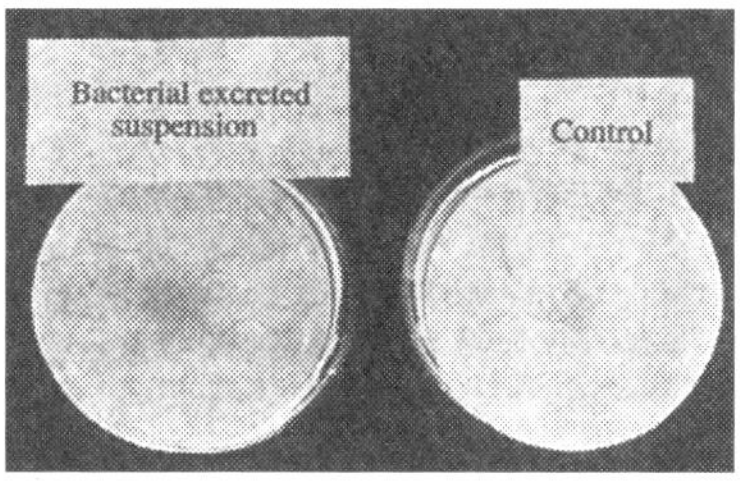

右側：対照の無機化学肥料の場合、底部に達した根は左側：完熟堆肥の場合に比べて根の生長が悪いことが観察できる

図４－ａ、ｂから無機化学肥料の施用に比べて完熟堆肥では幼苗移植時の根の活着のよいことが、よく理解できるであろう。

③桜前線田植えで超多収をめざす

穂が大きくなり着粒数が多くなり生殖生長・登熟力が強くなる光合成細菌栽培のよさを活かすには、移植後からの栄養生長期間も重要になる。大きな穂を支える太い茎の茎数をいかに確保するかが勝負である。しかし、茎数確保を密植、多肥で促すと軟弱な細い分げつが多発し、有効茎歩合の低下・過繁茂・倒伏・病害虫の多発を招いてしまう。

筆者は、完熟堆肥を主体にした光合成細菌栽培では、早期移植となる桜前線田植えをすすめている。前年度収穫後、少なくとも十一月までに完熟堆肥一ｔをすぎ込んでおけば、春までに低温性の好気性細菌が繁殖・定着し、土壌には幼苗の根に直接吸収されたり、入水・代かき後に繁殖する有効細菌の基質となる有機栄養物質が浸出してくる。そして春にさらに一ｔの完熟堆肥を投入すれば、前述したように地温も上がり早期移植が可能になる。

移植の適期は気温が一七℃前後になるころ、ちょうど桜の咲くころ（九州北部で三月末、東北地方で五月初旬）であるが、一般には水温、地温の上昇が進まずこれよりも遅くなっている。しかし、完

第５図－ａ　老朽化水田水稲栽培生育状況（7月中旬、ササニシキ）

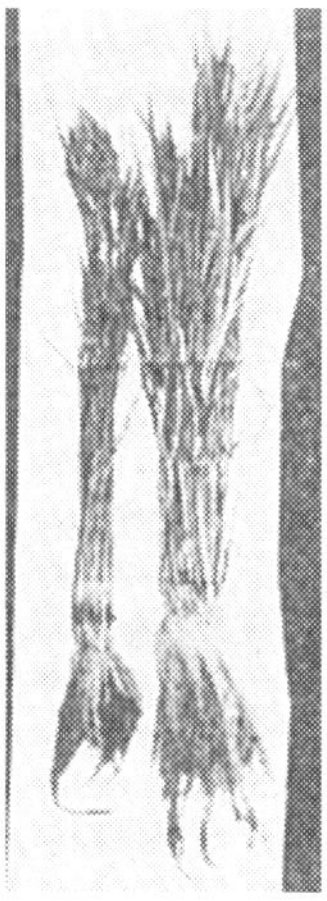

（吉田、田端、小林）
左側：対照の無機化学肥料施肥（慣行栽培）
右側：減圧併流下水汚泥好気揮発酸堆肥施用早植区

第５図－ｂ　多収穫技術栽培の登熟期における状況

主穂には240粒／１穂、わきの方で分げつしてきた穂でも120粒はついている（左：近距離、右：広範囲）

熟堆肥を投入すれば、第4図にみられるように化学肥料の慣行栽培と比べて、根の発根・伸長が抜群によくなり低温下でも生育停滞せず活着する。

それは、完熟堆肥を投入した苗は茎葉部が低温で光合成反応が進まなくても、有機物や微生物から溶出したアミノ酸、低分子量核酸類、低級脂肪酸、各種ビタミン類が根から吸収されるからである。育苗段階で外気に当て低温に慣らしたり、降霜が心配される夜間は深水にして保護してやることも必要だが、完熟堆肥を秋に投入しておけば低温下での苗の活着力が抜群に高まる。

なぜ桜前線田植えで早植えすると多収穫になるのか。稲は短日性植物で日が短くなる夏至までは盛んに葉を分化し分げつするが、それを過ぎると穂首を分化し幼穂を形成し生殖生長が活発になる。早く植えたからといってそれほど早く穂ができるわけではない。そのため、早植えするほど分げつが発生し葉が展葉する栄養生長期間が長くなる。分げつした株の葉もそれだけ多く茎も太くなり、葉鞘部に蓄積される炭水化物なども多くなる。早植えすると地上部の生育はそれほど活発に生育しないが、根部が優先して生育し、やがて五月になって気温が上がってくると、春に投入した完熟堆肥や入水後死滅してくる好気性細菌から溶出する有機栄養物を吸収して、分げつが盛んに発生し茎葉が繁茂してくる。

雑草も初期は低温のため発芽せず五月に入ってから発生してくるが、早植えした稲はそのころから茎葉が繁茂し雑草の生育を押さえ、さらに安心して深水管理ができるため、多くの場合除草剤を使わなくてもよくなる。光合成細菌は除草剤にも強いので、除草剤を散布する場合は慣行の方法でよいが、光合成細菌資材の投与は除草剤の散布から十日くらいあけたほうがよい。

以上のように早期移植をすることによって、栄養生長期間を長くし充実した茎数を確保することが、光合成細菌の威力を最大限に活かす決め手である。

そして、六月下旬ころから、還元化が進んだ土壌に光合成細菌を投与すれば、光合成細菌が生産する有機栄養を根が吸収し生殖生長が促進され、太くなった茎に大きな幼穂が分化・発達する。有害物質も除去され白い太い直下根や根毛の多い上根が発達し、第5図にみられるような、一穂粒数が一二〇～二四〇粒、千粒重二五～二七g、しかも登熟歩合が八〇～九〇%の超多収稲が実現する。

農業技術大系作物編第二―二巻　イネ＝基本技術（2）
光合成細菌（特性と利用）　一九九五年

パート4 田んぼから池から 菌を採る 殖やす

田んぼの溜まり水でほんのり赤くなっているところから採取（陣内真彦さん→67ページ）

パート4は、いよいよ光合成細菌の採り方と殖やし方のコーナーです。

初夏から秋口にかけてが、光合成細菌採取のグッドタイミングです。田んぼの溜まり水や、ため池などから採取する方法、堆肥から採取する方法、そして、パワーアップ培養法まで、個性豊かな手法を集めました。

いまが旬!!

光合成細菌の採取と培養

光合成細菌の利用は最近、イナ作の根腐れ対策や畜産の悪臭対策や堆肥づくりなどを中心に急速に広がっている。池や下水、水田などに潜む嫌気性の土着菌で、ちょうど初夏から秋口にかけてが菌を採取・培養するにはもってこいの時期にあたる。竹ヤブの土着菌に加えて、光合成細菌もわが家の土着菌の仲間に加えてみませんか。

水田から菌を分離、培養することに成功した古川恵一さん

エサへの添加や堆肥づくりに利用している養鶏農家の藤井勝二さん（右）と林哲史さん

協力　三河環境微生物さとう研究所・佐藤義次さん

田んぼから光合成細菌を採取する

❶ 田んぼの水のたまっている部分数カ所から泥水をとる

❷ 光合成細菌の培養液が７～８分目入った容器に泥水を入れて、空気の入らないフタで密閉する。容器は小さいペットボトルが扱いやすい

佐藤義次先生

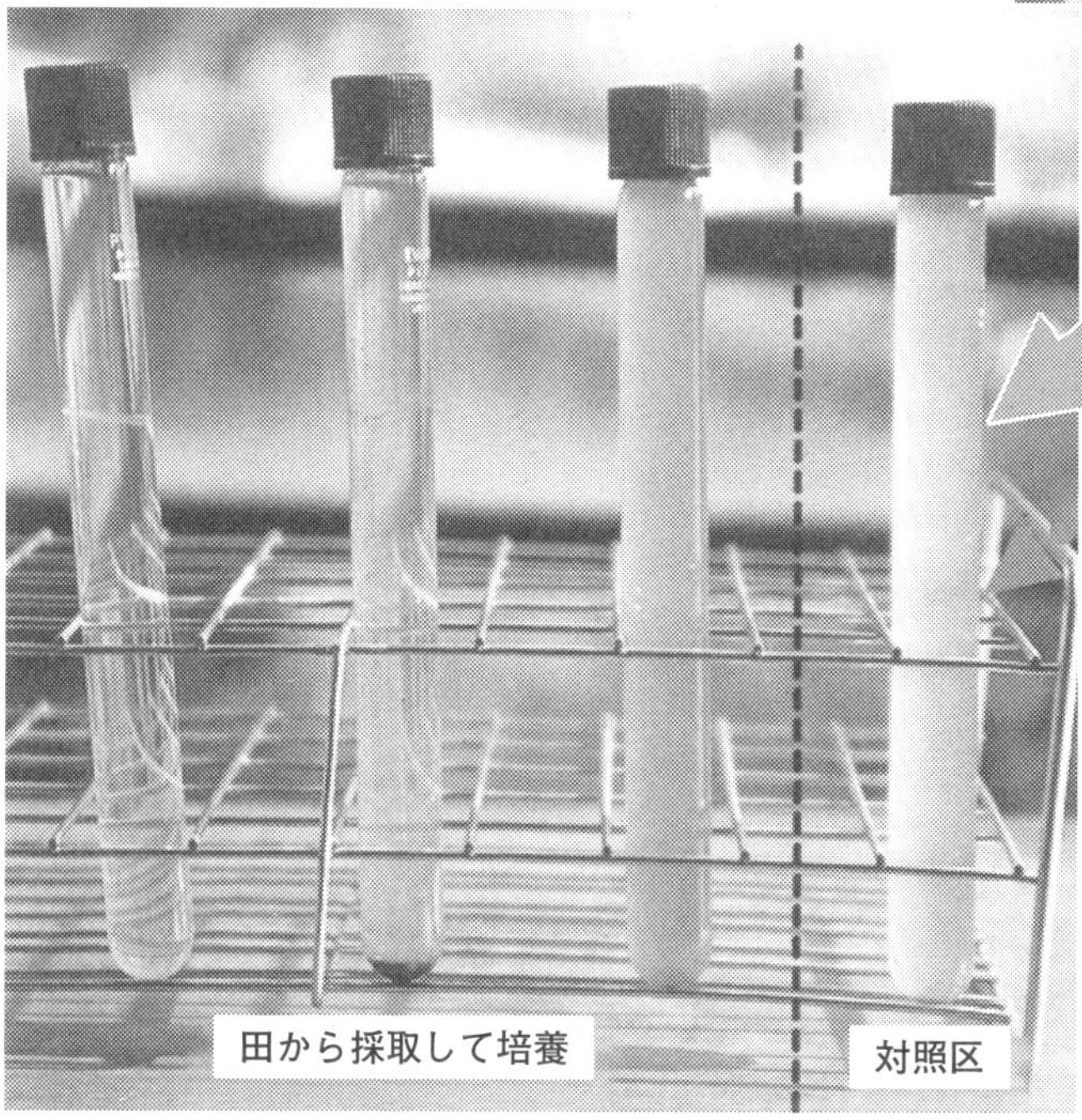

❸ 明るくて暖かいところに置く。菌がいれば１週間ほどで液が赤くなってくる。左の４本の試験管のうち左の２本は赤くならなかったが、３本目は菌が殖えて赤くなってきた。これに同量の培養液を加えてさらに培養しつづけ、安定すれば元菌とする
（右端のものは光合成細菌を加えた対照区）

光合成細菌を拡大培養する

❶ 培養液をつくる（培養液のつくり方は47ページ参照）

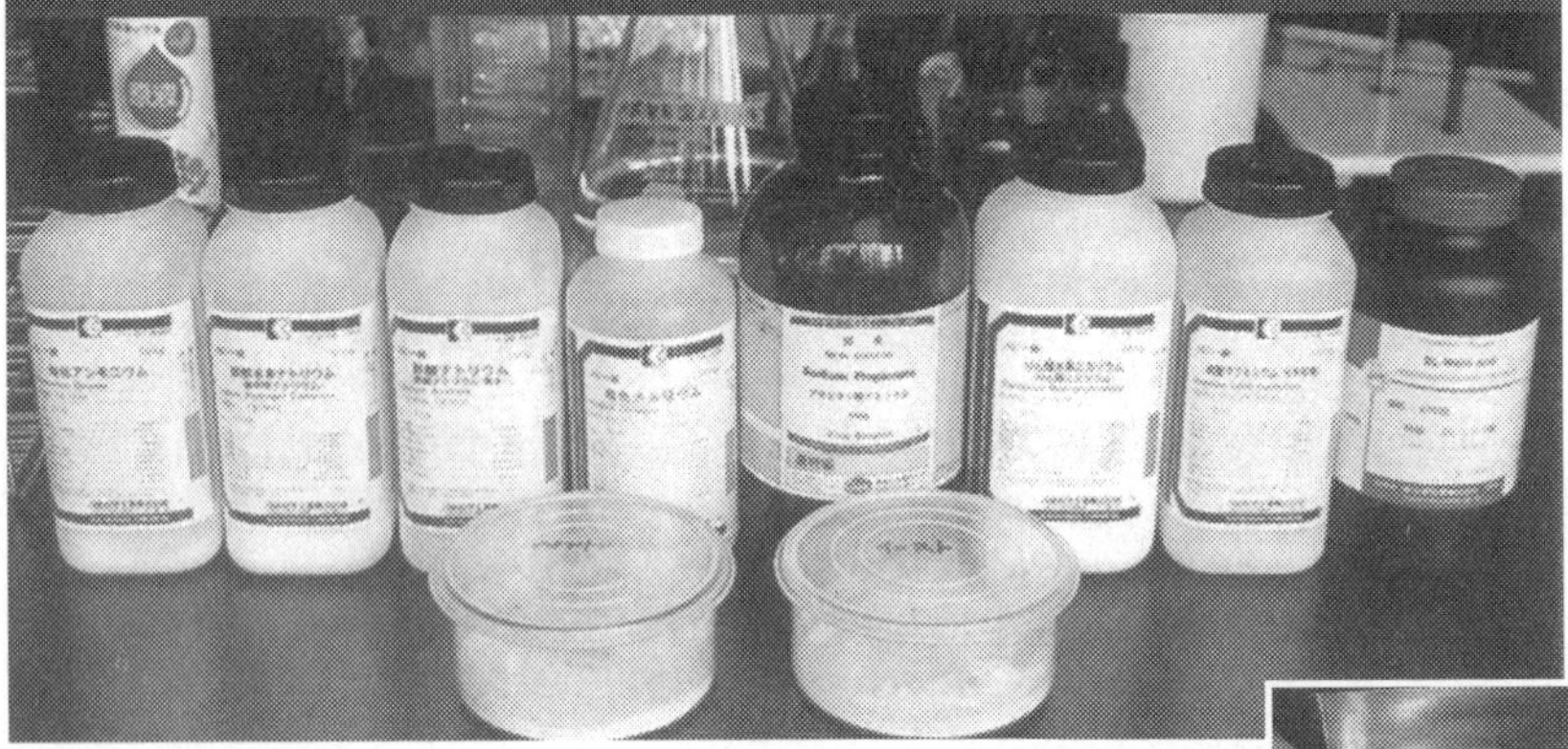

▲調合する薬品類

❷ 元菌を培養液に溶かす

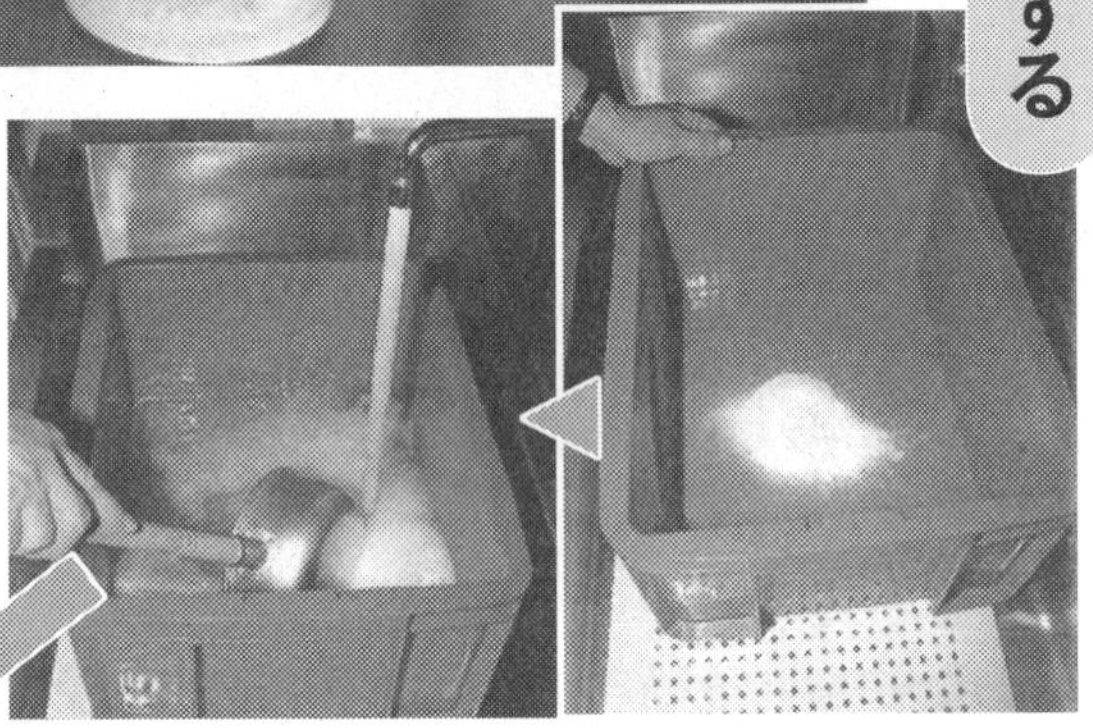

▲調合した薬品を水道水で溶かす

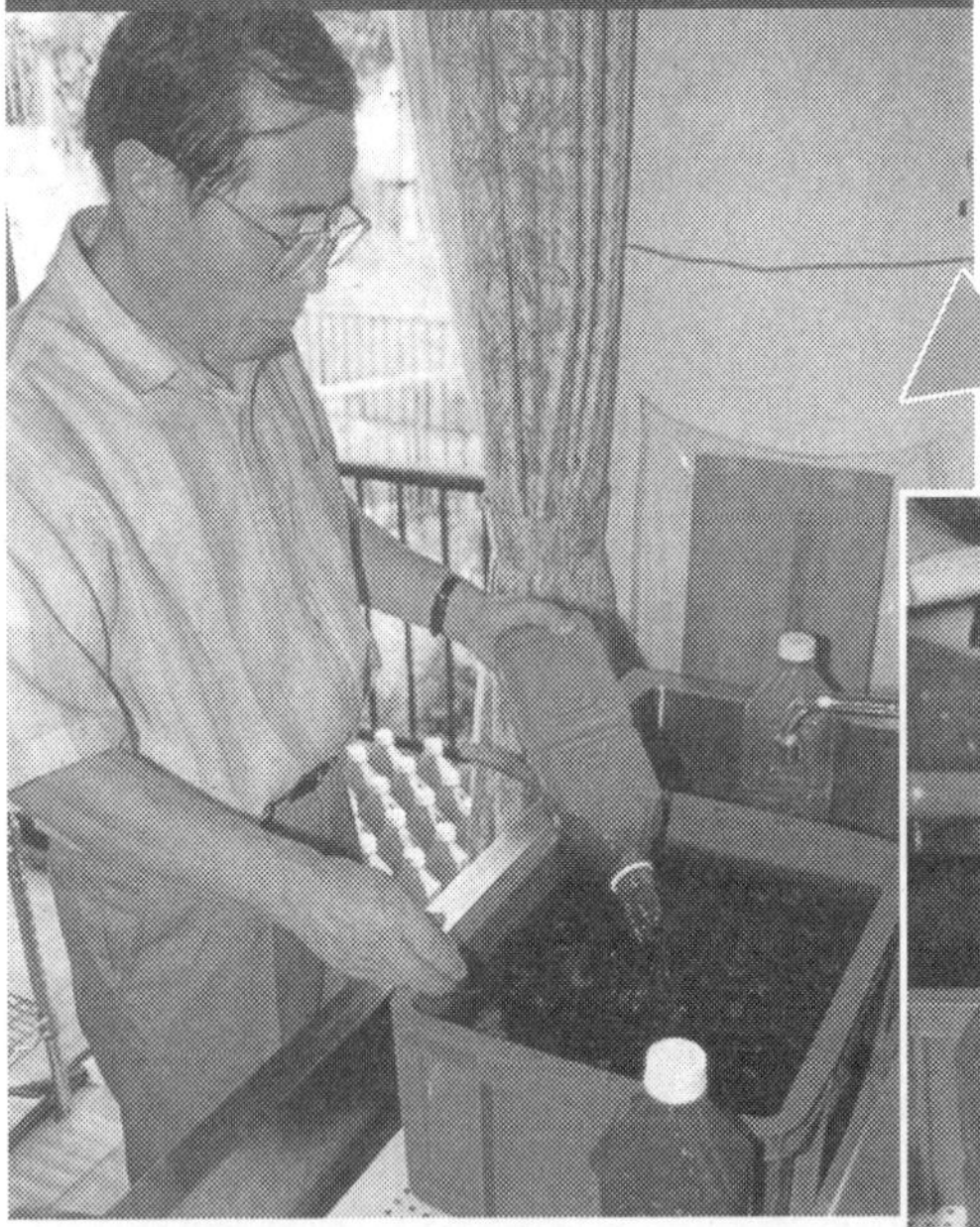

▲佐藤先生は自分の元菌を使うときは培養液20ℓに元菌6ℓを溶かす

透明の容器に口いっぱいまで詰めて、空気が入らないようにする。液が足りなければ水道水を足してもよい

❸ 明るい暖かいところで培養する

つくったばかりの右側の列は赤みが薄いが、だんだん濃くなっていく。左側は２日ほど前につくったもの。色が赤くなり、特有のにおいがして、もやもやしたものが出てくれば完成。佐藤先生の菌の場合は培養液のpHが9になることも完成の指標の一つとしている

衣装ケースでどんどん殖やす

小林昌修さん　熊本県氷川町
編集部

縁側に置けば一〇日でできる

「わが家のバイオ工場は、三〇〇〇円ほどでできあがった」という小林さん。縁側に並んだ二つの衣装ケースが、その「バイオ工場」だ。三月から九月まで、イグサとイネに使う光合成細菌を何度も培養している。

嫌気状態で培養するため、水面にラップをかけ、空気を遮断してからフタをする（赤松富仁撮影、以下も）

手順は、六〇ℓの水に「エサ」（「三河環境微生物さとう研究所」から取り寄せた試薬）を溶かし、元菌を二〇ℓ加えるだけ。光とある程度の温度さえあればどんどん殖えて赤くなり、一〇日も経てばできあがる。

培養が進むほど光合成細菌特有のニオイも強くなってくるので、家に来た人に「なんか変なニオイがしない？」と言われてしまうこともある。でも温度を保ちつつ光を当てるにはやっぱり縁側がいいし、一緒に暮らしていると、日々赤みを増していく姿がかわいく思えてしまうものらしい。

暖かい時期は縁側に置いておくだけで温度も十分。３月など寒い時期は、熱帯魚用の水槽ヒーターを使って30℃くらいに温めてやる。元菌を買うのは年に１回。２回目以降は培養した液を元菌にして殖やす

自家製だからどんどん使える

殖やした光合成細菌は、四月初めから一〇日間隔で三回、反当たり五ℓ田んぼに流し込む。イグサはイネ刈り後一カ月未満で植え付けるため、生ワラが大量にすき込まれる。暖かくなってこれらが分解し始めると根が傷むので、早めに光合成細菌を流し込み、ガスわきを防ぐというわけ。

刈り取り二〇日前くらいにも流し込む。「根が年とってくるから、もう一回元気にしてやる」のがネライだ。

イグサ後のイネにも使う。田植えの一週間後、中干し後、刈り取り二〇日前の三回が基本だが、時間があれば代かきのときにも使って徹底的に根腐れを防ぐ。「自分でつくればそれほど高くないから、先手先手で使って被害を最小限に食い止めたほうがいい」と思っている。

小林昌修さんと、お父さんの善明さん。光合成細菌は、作物にいいことはもちろん、「排水したら川もキレイくなるかな…」とも思っている。地球のことまで考え、いっぱいつくっていっぱい使っているのだとか

現代農業二〇〇八年八月号　衣装ケースでどんどん殖やす　ふんだんに使ってイグサもイネも根腐れさせない　根に悪い物質を極上アミノ酸肥料に変える、光合成細菌

自然から飛び込む菌を魚、肉の食べ残しで殖やし硫化水素・未熟有機物の害を除く

埼玉県秩父市　八木原章雄さん
編集部

土着菌、市販微生物資材をそのまま使うのもいい。しかし、そこに含まれる目的の菌を増殖し、強化して利用すれば、ボカシ肥づくりはもちろんのこと、土壌病害を抑制する菌だって利用できるのだ！

八木原さん（下）と先生の関根一五郎さん

イネの根腐れを引き起こす硫化水素、酸欠の原因メタンガス、そんなヘドロみたいな有害な物質をエサにするというので、公害追放の旗手として有名になった光合成細菌。

なんだかすごく特別な菌みたいに見えるけれど、実は「どこにでもいる菌」らしい。埼玉県の八木原章雄さんは、いとも簡単に光合成細菌を捕まえて殖やし、田んぼのイネに、ハウスのイチゴのうどんこ病防止に利用している。ついでにシイタケからトリコデルマ菌も捕まえて、イチゴの灰色カビ防止にも使っている。

捕まえ方・殖やし方は簡単、エサは魚や肉の食い残しでOK！　台所の生ゴミがいい餌になるんだそうだ。

どこにだっているよこんな菌

「ちょっとおかしな菌だけど、どこにだっているよ。誰だって捕れるし、時間さえかければ殖やせるよ」

八木原さんは、いとも簡単に言ってのけた。

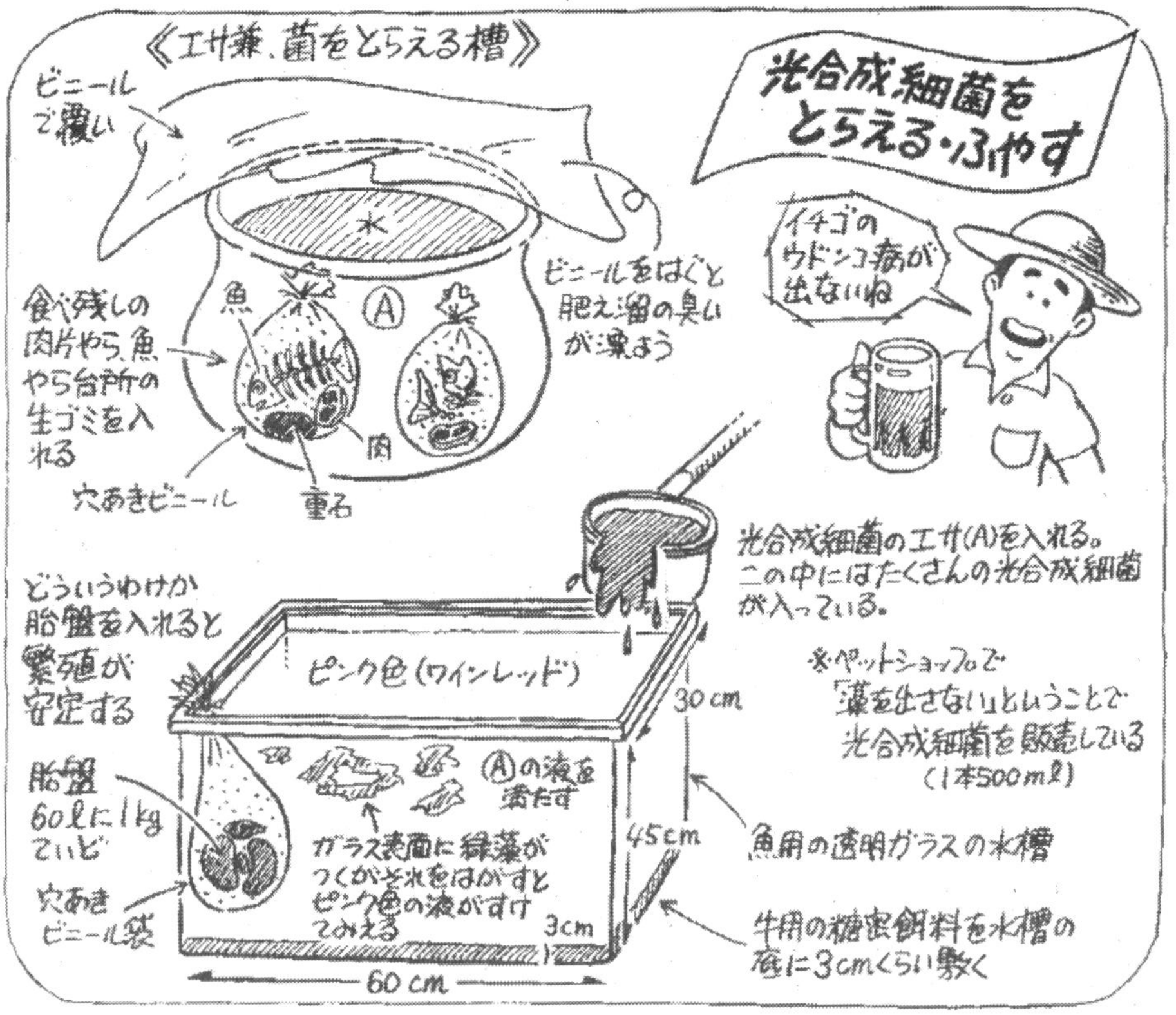

母屋の前の植え込みの中には、ビニールをかけた焼き物の大きな瓶が据えられている。これが、光合成細菌のエサ場。ビニールをはぐと、灰色っぽいドロッとした液体が満杯になっており、表面にはカスみたいなものが浮き上がっている。昔懐かしい熟成した肥え溜のような臭いが漂ってきた。

「光合成細菌はヘンな菌でね、魚の食い残しとか、肉の食い残しとか、動物性のタンパク質が分解したものが好きらしいんだ」

釣り好きの八木原さんは、作業の合間を見て川釣りに行く。その釣果の中から、いいものは食卓に並び、雑魚と食べ残しが前述した瓶の中に投げ込まれる。それが、光合成細菌の貴重なエサとなるのである。

この瓶の中には、光合成細菌をはじめとしてありとあらゆる菌がうじゃうじゃいるはずだ、と八木原さんは思う。農家のまわりにいるいろんな菌が飛び込んでいるに違いないからだ。そこから、光合成細菌を取り出せばいい。

捕まえる・殖やす
魚や肉の食べ残しで捕まえる

まず、魚や肉の食べ残しなど、台所の生ゴミを穴をあけたビニール袋に入れて口を縛り、瓶の中に入れる。そのままだと浮き上がってくるので、ビニールの底に重石を入れておくといい。水を張って、上からビニールで覆う。魚や肉の食べ残しが出たら、次々と瓶の中に放り込んでいく。やることはそれだけ。勝手にまわりの菌が飛び込んでくるという仕掛けだ（図）。

順調に発酵が進めば、ナマズなど放り込んでも数日で影も形もなくなる。かろうじて、エラなんかが残っているだけ。土着の菌は強力である。

この液から肥え溜の臭いがし出してきたらひとまずは成功。

定着させるための石灰・胎盤

前ページの図の魚観賞用の透明な水槽が、光合成細菌を取り出して殖やす装置。大げさなようだがじつに簡単で、底の部分三cmくらいに牛のエサとして市販されている糖蜜飼料を敷き詰め、そこに瓶の中から適当に液をすくい取って入れるだけだ。

しかし、これだけだと、光合成細菌は殖えるが、定着させるのに骨が折れる。別の菌に光合成細菌が負けてしまうらしい。紅色硫黄細菌のピンクの色が出てこなかったりするからだ。

八木原さんが先生（関根一五郎さん）に教わったコツが二つある。

一つは、この水槽の中に石灰をひとつまみ入れること。もう一つが、胎盤を穴をあけたビニール袋に一kgほど詰めて液の中につるしておくこと。

むずかしい理屈はわからないけれど、試してみると確かに、液のピンクの色が安定するらしい。

「胎盤は、仲間の豚飼いとか牛飼いに頼んで、お産のときにとっておいてもらって、それを使ってるよ」

牛だと二kgくらい胎盤が出る。この中には、ありとあらゆる成分が含まれているから、光合成細菌にとってもいいはずだ。

> 光合成細菌と間違いやすいのが、たまにハウスのビニールなどにたまっているオレンジ色っぽいピンクの水。一見、光合成細菌のようだが、じつは藍藻の一種。これは使えない。慣れてくると、ちょっと白っぽく濁ったワインレッドの光合成細菌とは区別できるようになる。
>
> 「ま、最初は市販の菌を買って入れたり、ペットショップなんかで水槽に藻が生えない薬として販売されているピンクの液体を入れてやると安全だな」とのこと。

水槽の壁面には緑色の藻がこびりついていたが、それをはがして光に透かしてみると、みごとなピンク（ワインレッド）が飛び込んできた。

表面に藻が繁茂したらエサ液を加える

チッソ、アミノ酸その他の栄養がタップリとあった液が、光合成細菌によって食い尽くされてくると浄化されて、それまでは繁殖できなかった藻が発生してくる。この状態は、硫化水素など、光合成細菌のエサが足りなくなってきたことの現われだ。こんなときは、表面の藻をすくい取って、例の瓶から原液を水槽の中に加えてやる。

もしピンク色していた液が白っぽく変化してくるようなら、養分過剰の状態で、そのままにしておくと乳酸菌などが繁殖し始める。こんなときは小便を加えるのがいいらしい。でも、八木原さんは「どうも気色悪くて……」というので、水で薄めている。しかし、小便で薄めるとピンクの発色がいいというのは事実らしい。

ともかく、ピンクの色が安定していれば、いつでも利用できる。

イチゴのかん水で　うどんこ病減少

光合成細菌にはいろいろな使い道がある。たとえば、イネの根腐れ防止に水口から原液を流し込む方法。家畜ふんなどチッソ分の高い有機物を施用した畑での根腐れ防止にかん水する方法などなど。

八木原さんは水田で根腐れの心配はまったくないため、光合成細菌の利用はもっぱらイチゴハウスへのかん水である。いつも一割くらいの光合成細菌液を混ぜることにしている。

トリコデルマ菌優占堆肥や炭・セラミック（粘土を焼いたもの）も施用しているから光合成細菌だけの効果とは言いにくいけれど、確かにうどんこ病が減った。発生しても広がることが少なくなった。

「根が元気に働いてくれているからだ」と八木原さんは思う。元肥にチッソ分を三〇kgほど入れている（追肥はしない）が、収穫後に土を分析してもらうとほとんど残っていない。

「きっと根が元気だから、肥料を吸いきっているに違いない」と思う。

もし、未熟有機物をたくさん施す場合なら、かん水に混合する光合成細菌の割合をふやしてやればいい。未熟有機物が分解するときに発生する有害物質を食べてくれるから、根っこの障害は少なくなるはずだ。

シイタケも栽培する八木原さんは、トリコデルマ菌も自家培養して堆肥として利用している。上図のようにして堆肥にし、一〇a当たり二tほどイチゴハウスに全面施用する。

「トリコデルマ菌の堆肥は灰色カビ病に効くね。まったく出なくなったわけじゃないけど、たいした問題にならなくなったよ」

＊

光合成細菌のかん水、トリコデルマ菌堆肥の施用、それに今回は紹介できなかったが木酢＋薬草（ドクダミ、ニンニク、ヨモギ、クサノオ、アロエなど）の葉面散布、ボカシ肥施用で、「うまい、甘い、肉質抜群、最少の農薬散布」の八木原さんの野菜やお米は、喜ばれて飛ぶように売れていく。

「ホント、農業はおもしろいねえ」

近頃、八木原さん楽しくてしかたがない。

現代農業一九九六年十月号　土着菌・市販菌をふやす
強化する　硫化水素・未熟有機物多施用の害を除く
光合成細菌　魚、肉の食べ残しでふやす

尿汚水から光合成細菌を分離、培養して畜産に生かしてみよう

佐藤義次　三河環境微生物さとう研究所

関心の高まっている光合成細菌の分離法と、拡大培養法を今一度紹介しますので、興味のある方は試してみてください。なお、専門的な解説は『光合成細菌』（学会出版センター）をご参照ください。

菌の分離・増殖法と拡大培養法は同じ

私の光合成細菌を分離する方法は、拡大培養法と同じなのです。材料などは左ページの表の通りで、これまでの記事と異なる点は、材料にプロピオン酸ナトリウムとDL-リンゴ酸を加えたことです。これによって塩酸によるpHの調整は必要なくなりました。

さて分離法ですが、拡大培養法の中の元菌の代わりに田んぼの土や汚水のヘドロを加えて菌を分離しています。

加える量は培養液に対して一〇～三〇％程度で、加温・日照などの条件を三つほど変えて培養するのが実際的でしょう。

分離源は、専門書によれば、一般に富栄養化した湖、池、下水、海岸、硫黄泉、水田、かん水土壌などの嫌気層水を用いるとあります。

筆者が水田土壌から分離した光合成細菌

臭気の少ない尿汚水からの分離例

ここで現在、新たな実用化をめざして私が行なっている豚の尿汚水からの分離、増殖法の経過を簡単にご紹介します。

材料の尿汚水は、自然の光合成細菌が増殖したと思われる臭気の少ない養豚場の汚水です。この汚水中の光合成細菌を分離培養して、現場に生かせればと考えたわけです。

表　光合成細菌の拡大培養法

	材料	量	培養法	注意
1	塩化アンモニウム	20g	◎左記の1～10までの材料を20ℓの水道水に溶かした後、元菌液4ℓを加える。 ◎上記の溶液を透明のペットボトルに入れ蓋をしめて窓際の明るいところで7～10日間培養（赤くなれば完成、pHは通常7.0が7.7～8.0に上昇）	1. 温度は30℃が適当 2. 寒い季節は水温ヒーターで湯煎する 3. 水の容器は蓋を乗せ水の蒸発を防止 4. 試薬は一級で可 5. 塩化ナトリウムの代替に食塩の使用はダメ 6. 井戸水は要検討
2	炭酸水素ナトリウム	20g		
3	酢酸ナトリウム（無水）	20g		
4	塩化ナトリウム	20g		
5	リン酸水素二カリウム	4g		
6	硫酸マグネシウム（7水和物）	4g		
7	プロピオン酸ナトリウム	4g		
8	DL–リンゴ酸	5g		
9	ペプトン	4g		
10	酵母エキス	2g		

〈必要器具・資材〉

1）元菌　4ℓ（20ℓ分）
2）1～10までの材料
3）水道水　20ℓ
4）透明のペットボトル（ラベルを剥がす）
5）水槽（蓋つきの半透明のポリの衣装ケースで代用可能）
6）熱帯魚用水温ヒーター（35℃までのサーモスタット付き）
※2回目からの元菌液はよく出来上がったものを使用

　培養液に尿汚水を入れて培養した初回は薄いピンク色で、二回目の継代培養では黄緑色、三回目では濃いピンク色となり、四回目では緑が主体となり、濃いピンクが混ざった液体となっています。この液を顕微鏡でみると幾種類かの菌が観察されます。

　なお、三年前に水田の表面の土から分離して実用化している当所の光合成細菌も、いくつかの菌の集合体です。

　なお一回の培養には最低一〇日間程度は必要ですので、気長に結果をみることも大切です。さらに何回か継代培養を繰り返すことによって、液の色も安定（培養菌種の安定のひとつの尺度）してくるものと期待しています。

　なお、これと並行して寒天培地でのコロニーでの菌の確認、また菌液の脱臭や汚水処理効果を実験室と野外で実施しています。さらにマウスを使っての安全性の確認も行なっております。こうした一連の試験を行なって結果がよければ初めて実用化が可能になるわけです。

（三河環境微生物さとう研究所　〒四四四―三五一一　愛知県岡崎市舞木町字狐山三〇―一九　TEL〇五六四―四八―二四六六、FAX〇五六四―四八―三二六〇）

現代農業一九九八年五月号　光合成細菌を分離、培養して畜産に生かしてみよう

パワー菌液も高級液肥
有機肥料が冬でもよく効く

宮崎安博　福岡県久留米市

米のとぎ汁で作る乳酸菌酵母液。キャップを緩めて「プシュッ」とガスが出てくれば完成（写真はすべて赤松富仁撮影）

大玉イチゴの「あまおう」をつくっています。環境に配慮して、肥料は主に地域のケーキ工場から出る食品残渣を使っていますが、冬場はなかなか効きません。イチゴはチッソが効きすぎても足りなくなっても後々影響するので、低濃度をじっくりずっと効かせることが大切です。

いろいろ試行錯誤しましたが、今は自分で培養した光合成細菌や乳酸菌酵母液をやることで、真冬でも有機肥料をしっかり効かせられるようになりました。化成肥料をやったときのように新葉が上がり、根傷みもしません。そこが菌液のおもしろいところだと思います。そのほか病気の発生を抑えたり、味をよくしたりする効果もあると思います。

菌液はどちらも自家培養ですが、初心者でも失敗しにくい私のやり方を紹介します。

現代農業二〇一一年十月号　パワー菌液も高級液肥
有機肥料が冬でもよく効く

筆者。手に持っているのが光合成細菌（左）と乳酸菌酵母液（右）

〈光合成細菌〉

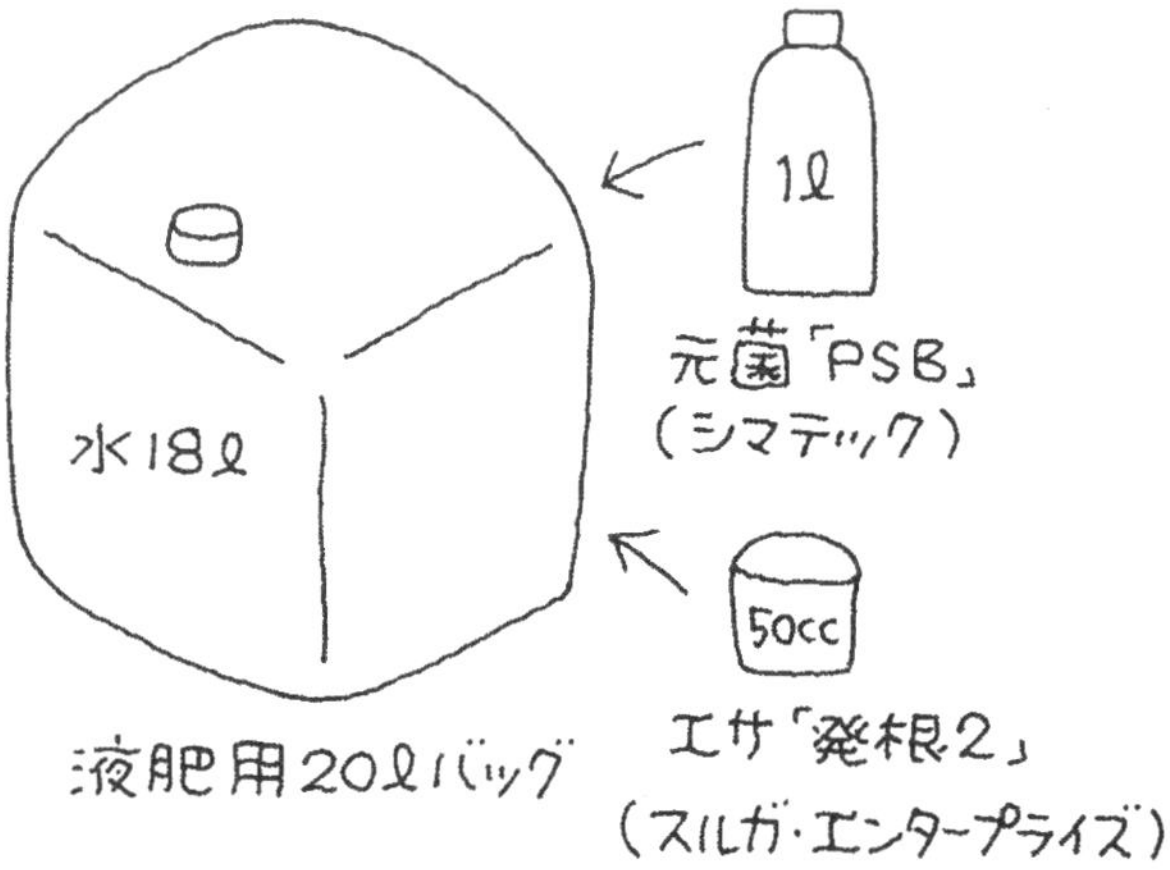

〈乳酸菌酵母液〉

殖やし方

キャップを軽くしめ日当たりのよい場所に置いておけば数日で赤くなり、培養できる。また、これを元菌にすればいくらでも殖やすことができる。エサの「発根2」は核酸が多いせいか、これを使うと元菌よりもいい光合成細菌ができる。

使い方

1～2週間に1度、100～1000倍でかん水するか葉面散布。

注　意

連続で濃く使うと果実の色がつきすぎて赤黒くなることがある。

つくり方

キャップをしめ風呂の残り湯に一晩入れておく。翌朝、キャップを緩めたときに炭酸ガスがシュッと出ればできあがり。炭酸ガスが出ないときはペットボトルを黒いビニール袋に入れ、日当たりのよい場所に置いておくと発酵が進む。

使い方

1～2週間に1度、500～1000倍でかん水するか葉面散布。

注　意

糖分があるので葉面散布で100倍くらいに濃く使うとアブラムシがつきやすくなる。

手づくりパワー菌液

光合成細菌は海藻で殖やす

長崎県南島原市　本多陽生さん

長崎県でバラをつくる本多陽生さんは光合成細菌に夢中。身近なものでどんどん殖やす方法も発見

赤い菌がいっぱいの光合成細菌液

撮影：赤松富仁

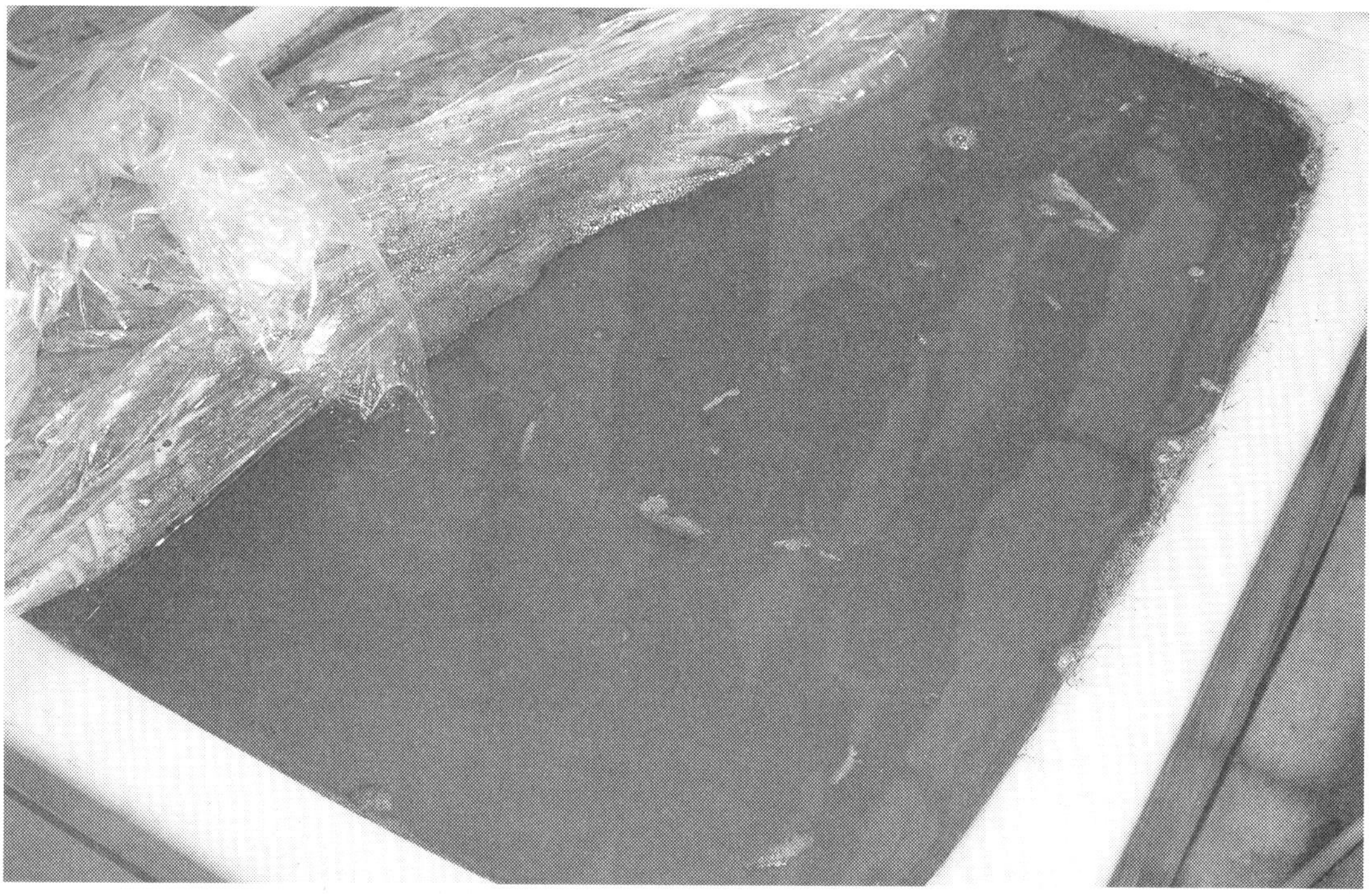

風呂おけいっぱいに培養中。
手づくり海藻エキスを入れると5日で真っ赤になる

肥料を入れず光合成細菌と納豆菌（ダイズの煮汁）のかん注だけでできた見事なバラ。光合成細菌は枯草菌や納豆菌と共生するとチッソ固定力が高まる

光合成細菌をシャープに殖やすのに本多さんが使っているエサ。スーパーで買えるものも多く20ℓ培養するのにコストは100円弱と安い

光合成細菌は名前のとおり光合成する菌で赤色が特徴。明るくて酸素がないところが好き。硫化水素や有機酸など根に害を及ぼすものを食べ、作物の生育を抜群によくするアミノ酸や核酸を次々につくり出すと言われている。

自分でつくるエサ——海藻エキス

海岸に打ち上げられている海藻のワカメやギンバソウを拾ってくる

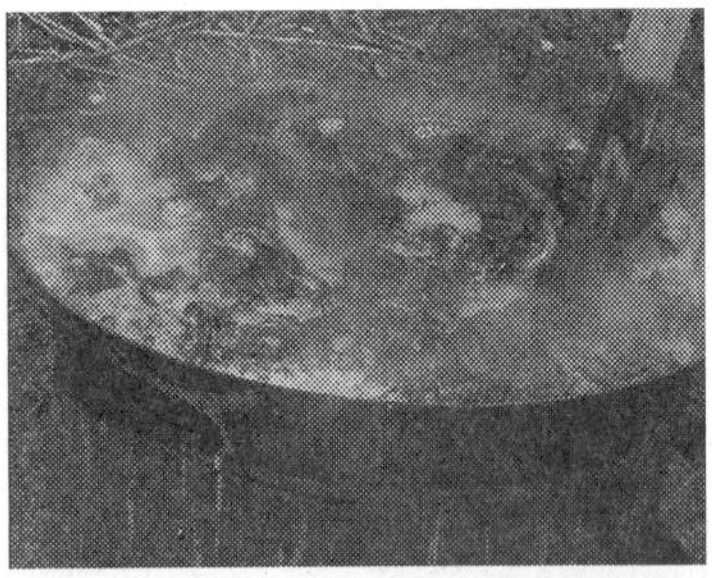

大鍋でグツグツ煮る。「長崎名物、海藻チャンポン！」。水30ℓに重曹を30ｇ入れると海藻が繊維まで軟らかくなり濃密なエキスがとれる

熱いうちにザルに上げ、布でこす。ちなみに海藻は2～3回使える

購入したエサに、さらにこの海藻エキスを加えると「光合成細菌が短時間でワッと殖える」

たまった海藻エキス。光の入らない容器に入れ、密閉して保存

光合成細菌はため池の泥から採ることもできる

近所のため池の泥を小さなスコップにひとすくい。この泥のなかに土着の光合成細菌がいる

バケツに泥と青草を入れて水に浸す

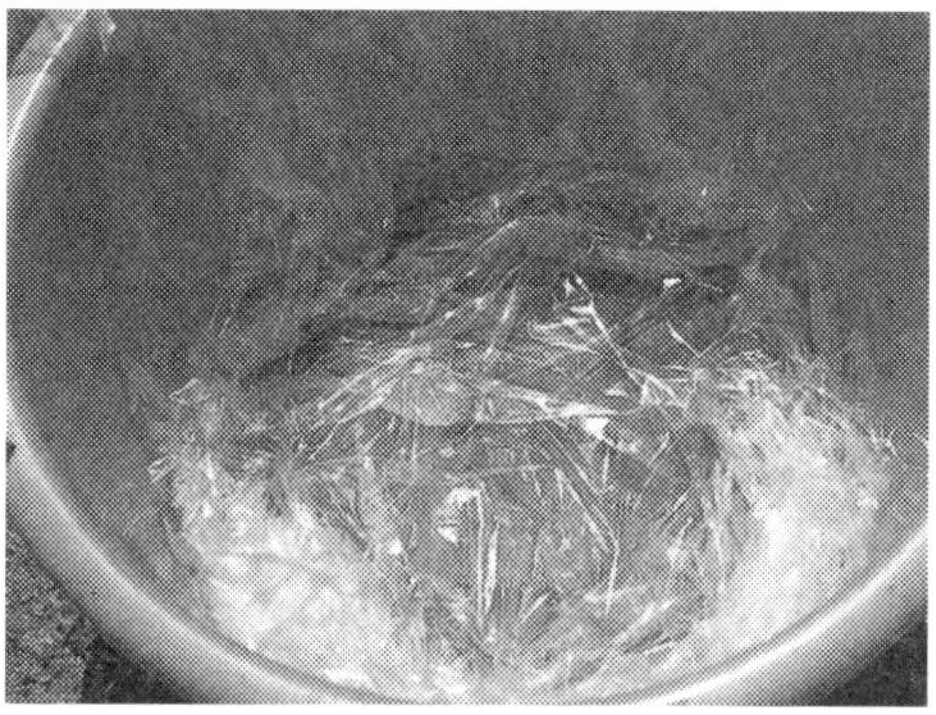
ビニールをかぶせて嫌気状態にすると青草が腐り、有機酸などが発生する。それをエサに光合成細菌が殖え、水がほんのり赤くなってくる

エサの組み合わせを変えて試験培養。種類によってはすぐ赤くなるものや黒っぽくなるものなどがある

きれいなバラ。市場では高い評価をうけた

私の光合成細菌の培養の仕方（20ℓ分）

事前に用意するもの

・20ℓ入りの透明のポリ容器（液肥入りの容器など）
・水18ℓくらい（pHが低いときは消石灰などでpH6～7に調整すると、光合成細菌の活動が活発になる）

光合成細菌の元菌

・私は自分で培養して赤くなった液を使用。市販品なら光合成細菌資材・M.P.B（福栄肥料）など。量は10～50cc程度だが、多いほどよい。

光合成細菌の基本のエサ

・シマヤだしの素	20g	35円	・炭酸	20g	29円
・酢	20cc	6円	・天然塩	20g	20円
・硫安	20g	1.2円	・第一リン酸カリ	5g	2円
・硫酸マグネシウム	5g	0.6円	・重曹	20g	29円

※合計金額は100円弱

光合成細菌パワーアップのエサ

・海藻の煮汁1～2ℓ（海藻を拾ってきて自分でつくるのでタダ。量は少しでもよいが、多いほどよい。早く培養できる）
・海藻粉末資材・アルギンゴールド（アンデス貿易）100g程度（菌が長持ちする）
・キトサン少量（菌の純度が高くなる。混合したときpH6～7になるように調整すれば多く入れてもよいが、少なくても十分効果はある）

培養する時の環境

・1日中よく日が当たるところ（光合成細菌は高温に強い）
・空気は少しくらいあってもよいが、一応、容器から空気をぬく
・自然温では5～10月がつくりやすい
・冬は30～35℃になるような加温が必要
・培養期間は15日ほど（海藻の煮汁を入れると5日で大発生した）
・糖蜜などを入れると酵母などが優先的に殖え、pHが下がるので光合成細菌の活動が緩くなる。このときは時間が少しかかるが消石灰などでpHを6～7に調整

現代農業2009年8月号　光合成細菌は海藻で殖やす

ワラの表面施用と光合成細菌チッソ固定の研究

編集部

土着菌を生かすチッソ固定研究

水田にはもともと光合成細菌がいる。この土着光合成細菌の力を最大限生かしてチッソ固定力を高めるのにヒントになる研究がある。

東北農業試験場の安田道夫さん（当時）らは、イナワラを混入した土壌、代かきした土壌、イナワラを表面においた土壌などを水田に設定して比較すると、イナワラ表面施用区のチッソ固定量がいちばん多くなる（無処理区に比べて約二〇％増）ことを二〇〇〇年に報告している。

水田で光合成細菌やラン藻が行なうチッソ固定の大部分は、土壌の表層一cm程度で起こることがわかっている。イナワラを表面施用すると、イナワラが分解して出る有機酸や糖類が土壌表面に多くなる。

光合成細菌は、この有機酸類をエサに、光の当たる環境で高いチッソ固定力を発揮するので、イナワラ表面施用区での固定量がいちばん多くなったと考えられるという。

また、湛水した土壌表面でワラが分解する環境は、メタンが生成するほどの強い還元状態ではなく、この点も光合成細菌がチッソ固定をするにはちょうどよい環境だそうだ。

小林達治先生（国際応用生物研究所理事長）が、光合成細菌は枯草菌や納豆菌の仲間と共生した環境で高いチッソ固定力を発揮すると話している。表面施用のワラが分解するまわりでは、ちょうどこういう環境ができているのではないだろうか。

なお、安田さんらの試験では、チッソの固定量は一～三g／m^2（一～三kg／一〇a）という結果だったが、実際の水田では二～四kg／一〇a程度のチッソ固定が起こっているという研究がほかにもある。

現代農業二〇〇八年十月号　肥料急騰　どげんかせんといかん！　無肥料・自然栽培に学ぶ　ワラの表面施用と光合成細菌　チッソ固定の研究（1）

イナワラが表面に散らばった不耕起状態のまま冬期湛水した田んぼの3 月の状態。ワラを覆うようにトロトロ・フワフワの土が盛り上がっていた（足跡のついたところはワラが見えている）

ひとくち知識
光合成細菌・三兄弟
紅色が二人、緑色が一人
紅色のうちの一人は硫黄（硫化水素）を食べない（非硫黄細菌だが、有害な有機酸を食べる）。

ひとくち知識
緑色はのんびり屋
緑色硫黄細菌は増殖が遅いので資材化されていない

光合成細菌は放射性物質除去、海水浄化の救世主

佐々木 健・森川博代・竹野健次

光合成細菌による環境浄化と再資源化の研究と実用化は、約三〇年前に小林や北村により始められた我が国固有のバイオ技術である。特に食品排水処理やし尿、家畜糞尿処理などに適用され、さらに副生する菌体を農業肥料や動物資料にリサイクル利用する、現在の循環型社会の仕組みの先がけをなす新技術であった。

残念ながら我が国では当時はコストの高い技術としてあまり普及しなかったが、一部の食品企業や、台湾、韓国では今なお、排水処理と資源再利用という、環境保全に対し有用な技術として実際に使われている。また、我が国でも光合成細菌の農業用肥料や環境浄化資材への販売は着実に行なわれており、最近の循環型社会構築や地球環境保全、二酸化炭素固定の機運の高まりで、光合成細菌の利用は再び注目されつつある。お隣、中国でも光合成細菌の多方面への利用が進みつつある。

筆者らも三〇年前より小林や北村に続き、光合成細菌による排水処理や菌体の利用、さらには光合成細菌のさまざまな機能性を利用した医療や環境浄化への応用技術の開発と実用化を行なってきている。二〇〇九年、本会第六一回大会（名古屋）の「地球環境と地域環境保全のための光合成微生物」のシンポジウムでは、「光合成細菌による環境浄化と再資源化」と題して、筆者らが過去三〇年行なってきた光合成細菌に関する研究、実用化された技術などを紹介した。

光合成細菌による環境浄化と再資源化

この演題で発表した内容は次の通りである。

図1 回収型多孔質セラミック（A）と光合成細菌固定化セラミックの、電磁石による環境中からの回収（B）
回収型多孔質セラミックの一枝には5%の鉄を含む

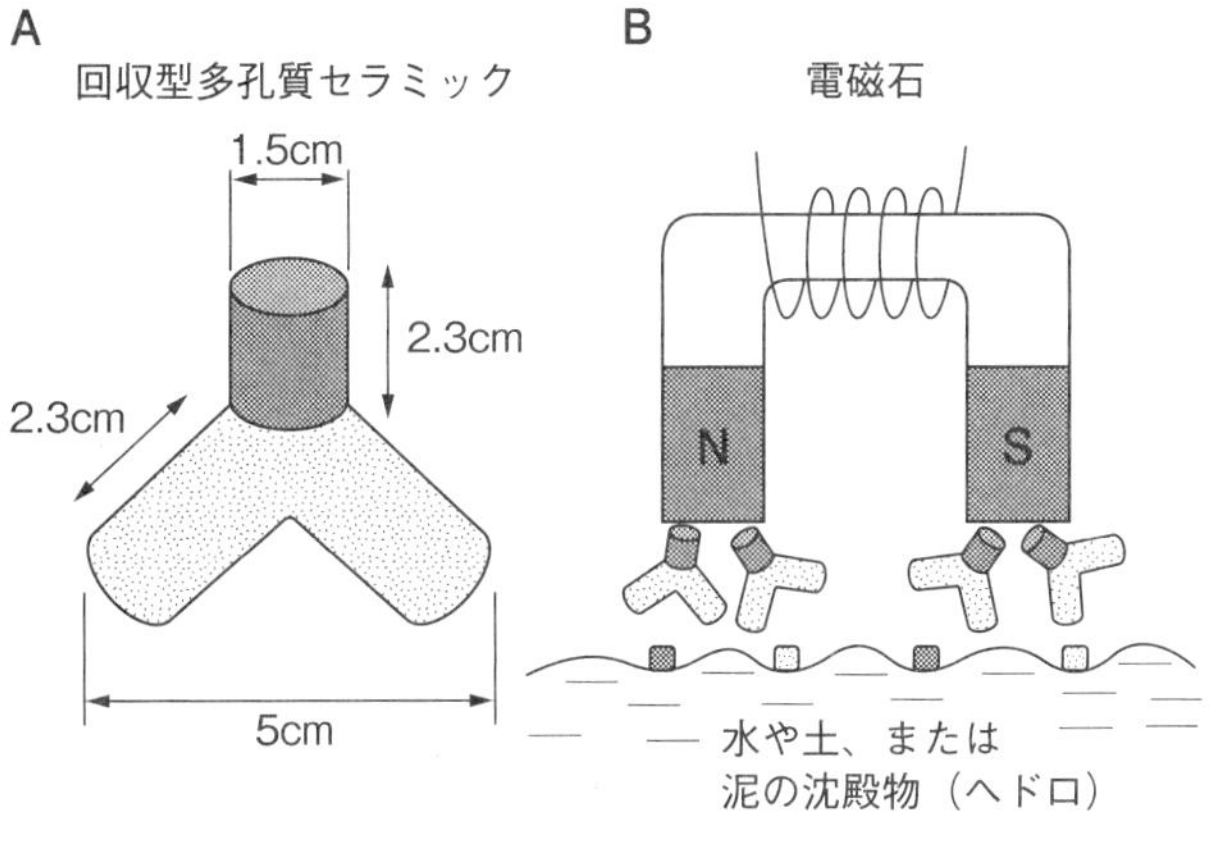

佐々木健先生（広島国際学院大学教授）

(1)光合成細菌による有機性排水処理、(2)固定化光合成細菌による効率的排水処理、(3)耐熱性光合成細菌による、油含有廃水の効率的処理、(4)光合成細菌の養魚、錦鯉養殖と色揚げへの利用、(5)光合成細菌による環境中の重金属処理、(6)養殖場海底に蓄積されたヘドロの浄化と生分解プラスチック生産等再資源化、(7)光合成細菌による5―アミノレブリン酸（ＡＬＡ）の生産と農業及び医療への利用、(8)光合成細菌による放射性核種の除去と環境浄化、(9)ＡＬＡを用いたアオサの増殖促進と海水の浄化などを発表した。

図２　種々の光合成細菌の固定化セラミック（4個/ℓ）によるSr、Co、Uの吸着除去

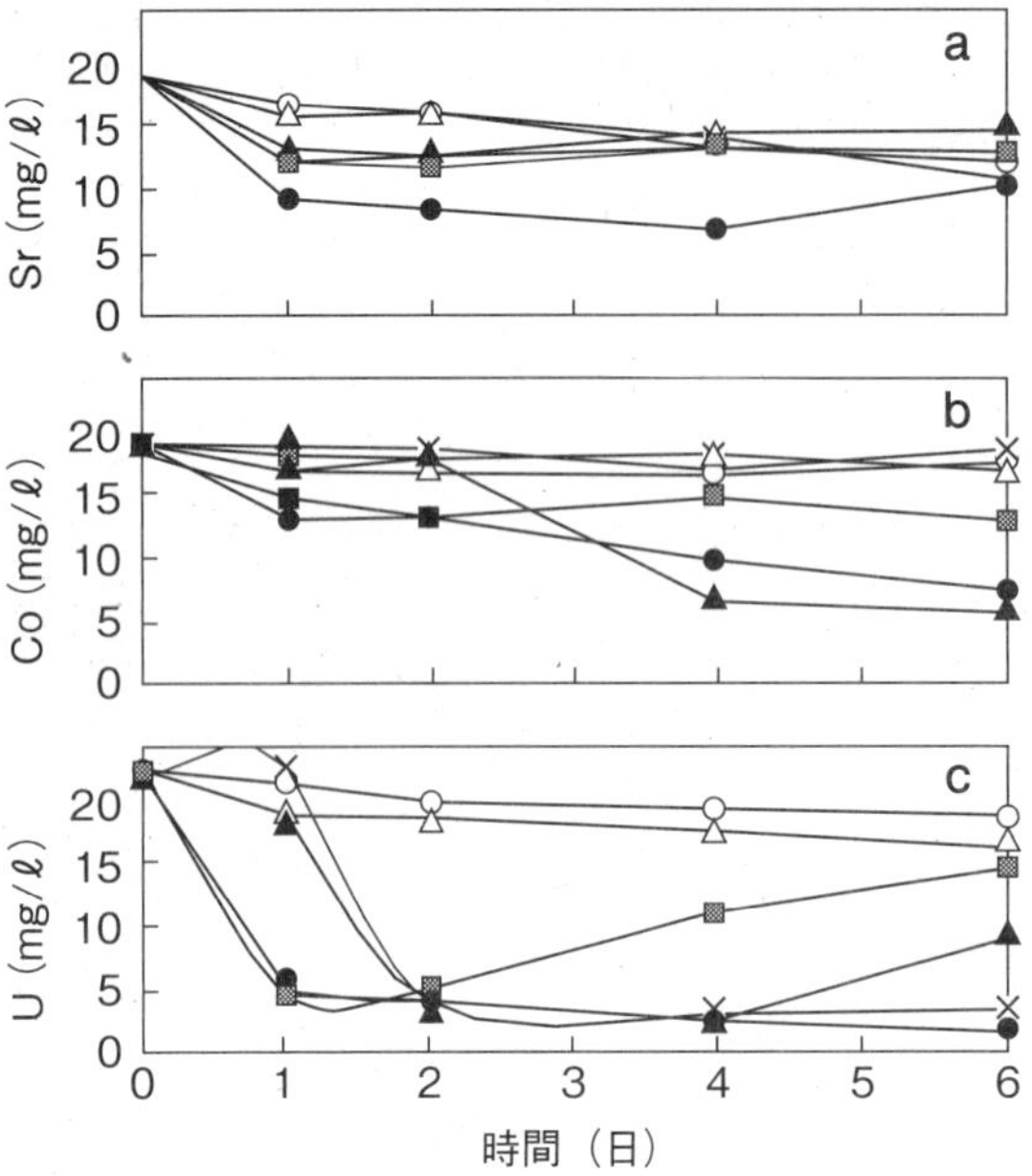

○、対照：通気のみ；△、セラミック：通気のみ；×、P株；■、S株；▲、IFO株；●、SSI株

この中で、上記(1)から(7)については、二〇〇九年に「バイオマスを資源化する」という「生物工学」誌特集記事にて「光合成細菌による環境浄化および再資源化」と題して主な部分は発表しているので、本稿では最新の技術開発である(8)の光合成細菌による放射性核種のウラン（Ｕ）、ストロンチウム（Sr）やコバルト（Co）および関連金属の除去回収技術、(9)のＡＬＡを用いたアオサ（青のり）の増殖促進と、窒素やリンの吸収による瀬戸内海海水の浄化などについて詳しく紹介する。

光合成細菌による放射性核種と重金属野除去回収

光合成細菌が菌体表面に生産する高分子物質（extracellularpolymeric substances ＥＰＳ）によりカドミウム（Cd）やクロム（Cr）およびヒ素（As）などを吸着でき、環境水中から取り除くことができることはすでに報告している。

一方、広島は世界で初めての被爆地であり、平和や放射性物質への関心が高く、イランやイラク、また湾岸戦争での劣化ウラン弾（depleted uranium ＤＵ）の放射能による飲料水や土壌の環境汚染に対しても関心は高い。また、被爆語り部の方からも放射能を含む「黒い雨」による体内被ばくの実状も平和学習などでよく耳にしてきた。環境関連の技術者として、なんとかこの汚染浄化はできないものかと長く思っていた。

生物的修復（Bioremediation）による環境修復技術は多く報告されている。しかしながら、放射能除去の研究は見当たらない。バイオによるウランなどの回収は、主として資源確保として、また核燃料再生の技術が主であり、環境浄化を目標とするものは見当たらないのが現状である。そこで光合成細菌の重金属除去機能を利用して、放射性核種の除去の可能性を検討した。

図１に新規に開発した回収型多孔質セラミックと、このセラミックに光合成細菌を固定化して、放射性核種重金属を吸着した後、電磁石で水系や土壌、ヘドロなどから回収する状況を示す。低濃度の放射性核種や重金属汚染に対応できる。光合成細菌の固定化には、減圧下でアルギン酸ナトリウムで固定化する減圧固定化法を用いた。

この多孔質セラミックに、排水処理や水質浄化に実用化されている*Rhodobacter sphaeroides* S（S株）、*R. sphaeroides* IFO12203（IFO株）、*Rhodopseudomonas palustris*（P株）、S株の自然変異株であるR. sphaeroides SSI（SSI株）などを固定化して、一・五ℓ円筒型容器内の一ℓの人工下水に固定化セラミック四個を入れ、三〇℃で通気（1vvm）を行ないつつ、放射性核種のUとSrおよび関連のCoの吸着実験を行なった。図2に示すように、SSI株がいずれの金属もよく吸着できることが明らかとなった。SSI株はS株が自己変異し自己凝集性を持つようになった株で、表面に多糖類やタンパク質、RNAを主体とするEPSを生産し、そのマイナスチャージにより金属を吸着していると推定される。

次にSSI株を固定化した固定化セラミックを用いた、Uの吸着と人工下水のCODおよびリン酸イオンの除去を示す。図3に示すように、セラミック四個および個／ℓ人工下水を加えた時、SSI株を固定化した固定化セラミックを一・八個で、二〇mg／ℓものUが効率よく吸着できるとともに、CODやリン酸イオンの同時除去も可能で、放射性核種の除去ばかりでなく水質浄化も可能であることが明らかとなった。また図には示していないが、SrやCoの場合もほぼ同じような除去が可能なことが明らかとなった。ただ、Coはやや光合成細菌に毒性が見られるようで、Coの吸着やCOD、リン酸イオンの除去はUやSrの場合と比較してやや緩やかであった。

次にSSI株による他の重金属の除去について検討した。

図4に示すように、SSI株はCuを始め、有害重金属であるHg、CrおよびAsも、固定化セラミック四個／ℓで効率よく吸着することができた。

このように、凝集性を有し菌体表面に高分子物質、EPSを生産しうるSSI株で、放射性核種ばかりでなく、その他の重金属も吸着できることが明らかとなった。

UやSrのSSI菌体あ

図3　SSI株固定化セラミックによるU、COD、リン酸イオンの除去

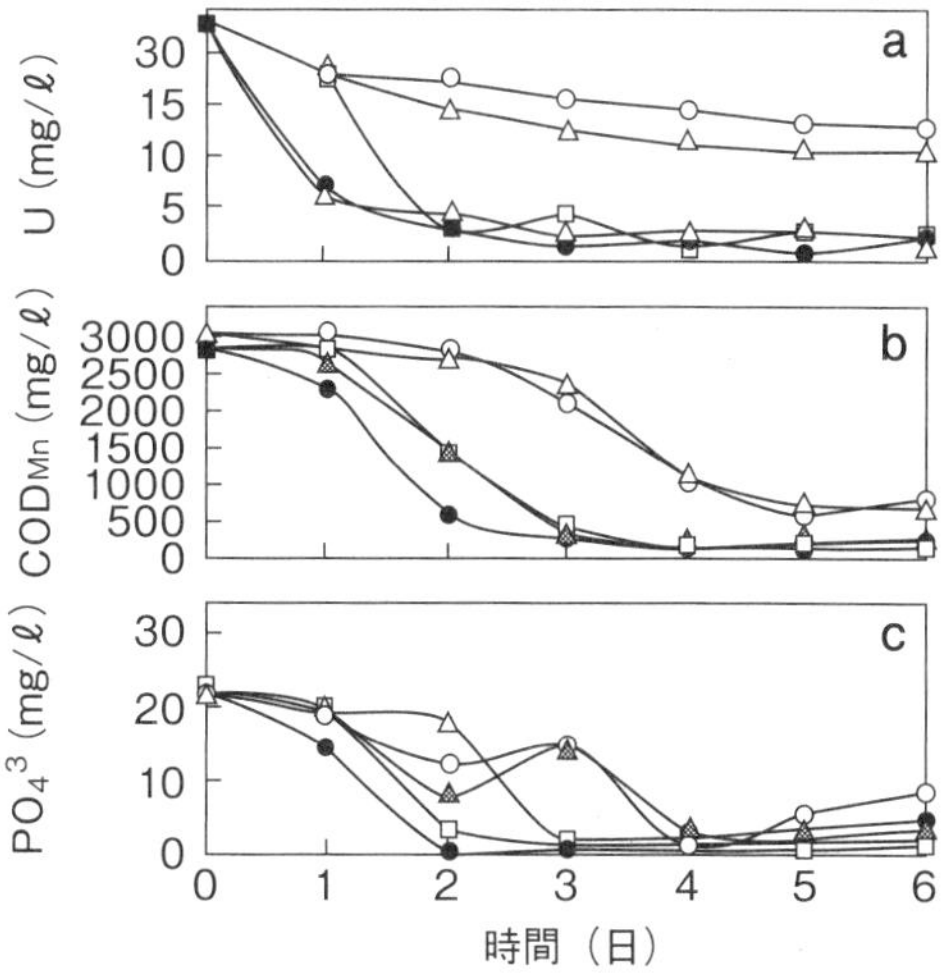

○、対照：通気のみ；△、セラミック：通気のみ；□、固定化セラミック1個/ℓ；▲、4個/ℓ；●、8個/ℓ

図4　SSI株固定化セラミックによる重金属、Cu、Hg、Cr、Asの除去

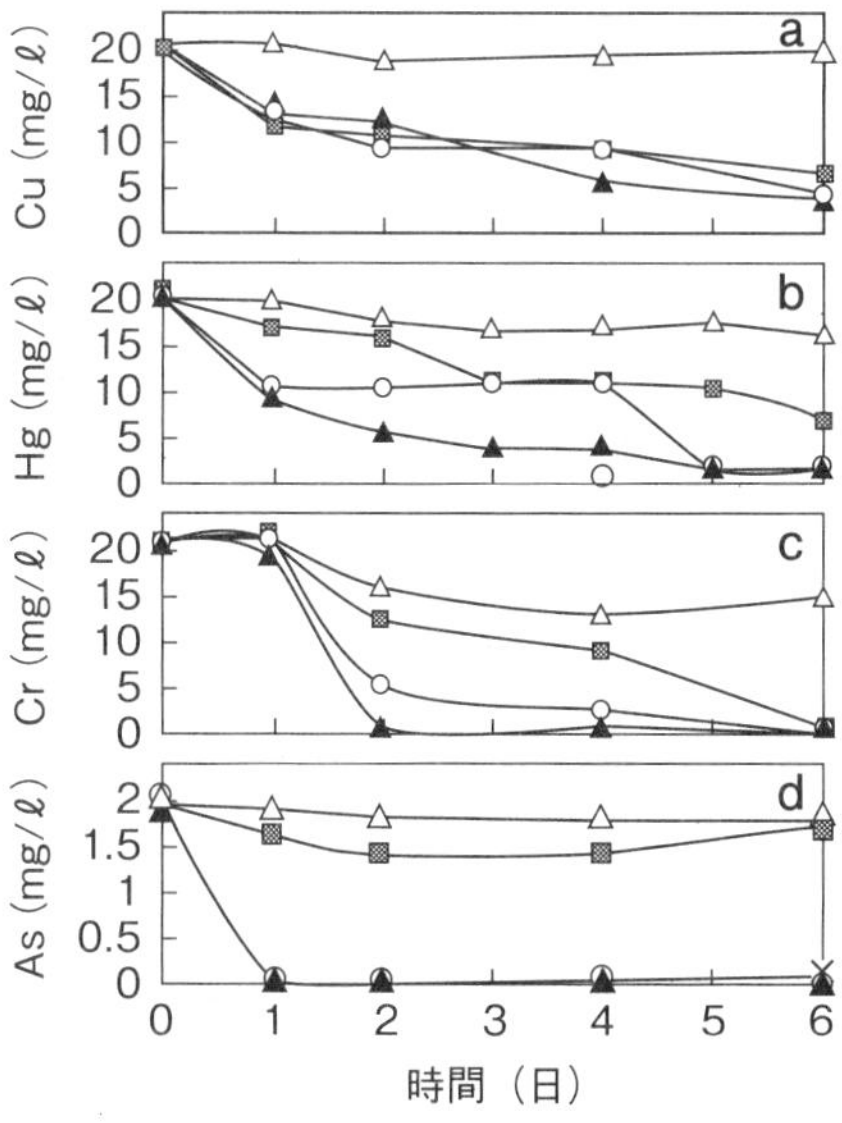

人工下水、通気は図2、3と同じ。△、セラミック1個/ℓ、通気のみ；■、固定化セラミック1個/ℓ；○、2個/ℓ；▲、4個/ℓ

たりの吸着量は七・八～一一・一㎎ U/gcellsと推定され、カビ、バクテリア、放線菌などに比べると1／3以下とそれほど高くないが、CODやリン酸イオン除去なども同時に可能なシステムなので、実用性は高いと思われる。環境中のこれら放射性核種やCoの除去回収は報告がなく、現在実用化を進めている。

金属が吸着された固定化セラミックは電磁石により回収でき、薄い塩酸溶液中で超音波処理を行なえば、容易に溶液中に溶出でき、ふたたびSSI株を固定化して再利用可能である。放射性核種や重金属は濃縮された溶液状態で回収できるので、再利用などしかるべき処置が可能となる。特筆すべきは、低い濃度で汚染された環境中（水系、土壌、ヘドロ）の放射性核種や重金属を濃縮して回収できることである。放射能や重金属の汚染により不毛の地となった土地は世界中に多く存在するので、このような技術は有用と思われる。

図5　ALA添加による食用アオサの増殖促進実験

5―アミノレブリン酸（ALA）を用いた海藻の増殖促進と海水の水質浄化

筆者らが一九八七年に光合成細菌*R. sphaeroides*による低コスト大量生産技術を開発した菌体成分、ALAは、植物の光合成を促進し、二酸化炭素吸収を促進して穀物や野菜の収量増加をもたらすことが知られている。

一方、広島湾では、近年沿岸部に大量のアオサ（青のり）が異常繁殖し、腐敗して環境を損なっている。瀬戸内海に従来あるアオサは食用になるが、異常繁殖のアオサは外国由来とみられ食用に適さず、用途もなく処理に苦慮している。世界遺産の宮島周辺でもアオサの異常繁殖で、観光地ゆえに除去と処理に苦慮している地域の現状がある。

そこで、ALAの光合成促進作用を応用して、食用のアオサを優先的に増殖させ、窒素やリンを除去して瀬戸内海沿岸部の水質浄化を図り、外国由来のアオサやその他の藻類の異常増殖を抑制できないかと着想して、ALAの食用アオサ（アナアオサ）の増殖促進を検討した。

瀬戸内海の沿岸部の海水にALAを一〇〇℃二〇〇㎎／ℓ程度添加し、五klux程度の光照射を行なった場合の海洋性藻類の増殖促進効果を検討した。ALAを添加すると一〇日で常に藻類の増殖は促進され、ALAが海洋性藻類の増殖促進（光合成促進作用）を有することが新規に明らかとなった。この増殖促進効果は別に分離した多くの海洋性藻類（未同定）でも認められた。

次に食用アオサへの増殖促進効果を、二五ℓの水槽に人工海水を二〇ℓ入れ、ALAを一〇〇〜二〇〇㎎／ℓ加え検討した。

光照射は蛍光灯で表面照度約一万luxで二四時間照射した。図5にその実験の様子を示す。海から採取した食用アオサ二〇g（湿重量）を均等に種として接種した。

その結果、約一〇日で明らかに増殖が促進され、二〇〇㎎／ℓのALAの添加では特に増殖促進が認められた。この時、人工海水中のリン酸イオンはALAの添加でより多く減少していた。これは藻類の増殖促進により、リン酸イオンが吸収されていることを示している（図6）。窒素分についてはデータを示していないが、硝酸態窒素もリンと同じように減少しており、藻類の増殖促進と水質浄化が連動している可能性が示唆された。

海に仕切りを設けるなど、何らかの方法でALAを徐々に供給するシステムを構築して、食用アオサの生産と水質浄化が同時に達成できるよう研究中である。

（この論文は、「生物工学」第八九巻二〇一一年三月号から、著者および生物工学会の了承を得て転載）

図6　ALAによる食用アオサ増殖促進時の海水中のリン除去

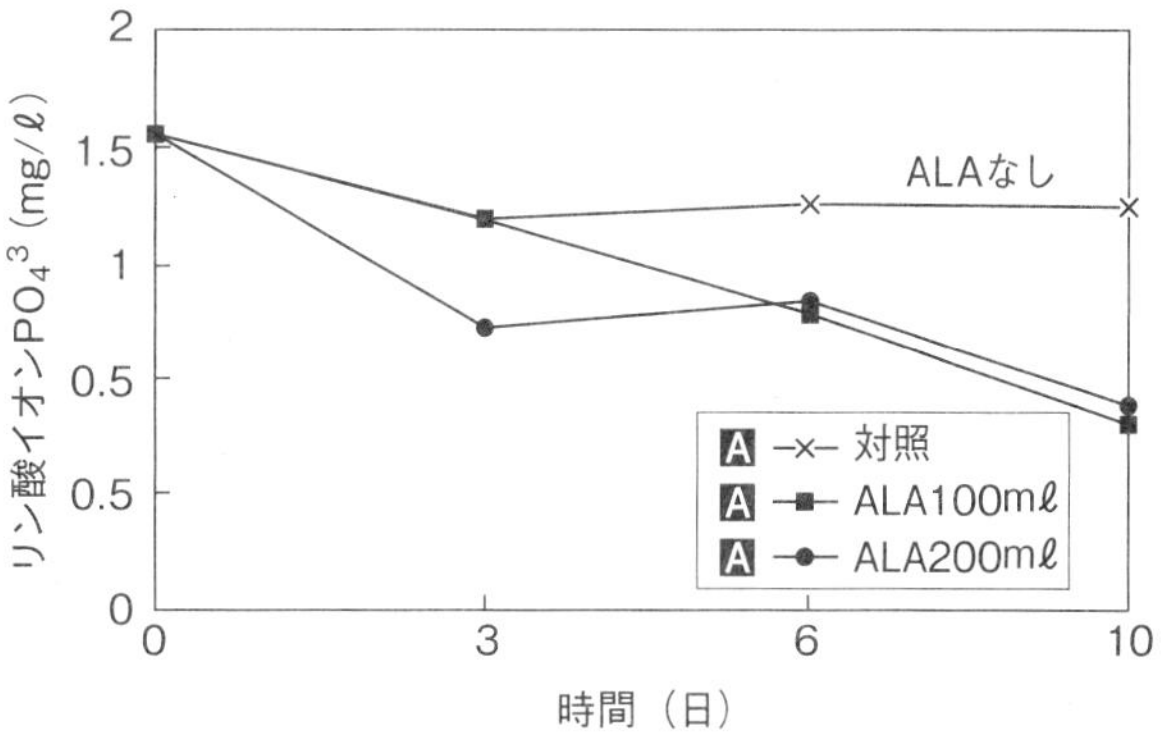

もっと詳しく
知りたい人のために

光合成細菌（有効利用技術）

小林達治（京都大学）

1　光合成細菌の生態と働き

イネの根圏域にはいろいろな微生物が雑居して生活をしており、その根の生長と生理に良好な作用を及ぼす物質を分泌し、その根圏域に多大の好影響を与えるものもいれば、逆に有害な物質を分泌し根の代謝活性を阻害して悪影響を与えるものもいる。

光合成細菌はそのような多数の微生物のなかでも有益な微生物に属し、イネの根を守り、その生長をたすけ、有効な栄養成分の分泌とその吸収を促進し、根に活力を与えるばかりでなく、有害な硫化水素を除去するという大きな役割を果たしている。その細菌を有効に利用する技術が開発された。

①光合成細菌の種類と反応式

光合成細菌は大きく三科に分類されている。すなわち(1)硫黄が関与する紅色硫黄細菌、(2)同じく緑色硫黄細菌、(3)硫黄が関与しないで低級脂肪酸などを基質とする紅色非硫黄細菌である。

その反応式は第1図に示すように、太陽エネルギーを利用して炭酸同化する働きや空気中の窒素を固定し、土壌を肥沃化する能力をもっている。また紅色非硫黄細菌は、光照射のない暗黒条件でもよく増殖することができる。

②イネの根圏における微生物の変動

湛水した水田土壌には光合成細菌が一〇^{2}～一〇^{7}個／g土壌存在し、肥沃土壌ほど菌数は多い。とくにイネの根圏では第2、3図に示すように、イネの栄養生長期から生殖生長期にかけてよく繁殖する。イネが栄養生長期から生殖生長期に入るにつれて根の酸化力が鈍り、根圏が嫌気状態となり（第4図）、硫酸還元菌などが増殖し、その後光合成細菌が繁殖して根圏に（第5図）蓄積したH_2Sその他イネの根に悪影響を及ぼす物質（第6図）の消失・除去に貢献している。イネは、光合成細菌から根の呼吸毒その他の毒物除去に非常に大きな好影響をうけている。

そのようなイネの生殖生長期に出穂用肥料（生殖生長促進肥料）を追肥すると（N、P、Kその他ミネラル成分の量は一定に調整してある）、第1表に示すような結果を得た。すなわち、無機の化学肥料だけ（塩化アンモニア）を施した区に比べて、光合成細菌を追肥した区では、一穂粒数が多くなり、塩化アンモニアを追肥した六六・八粒に比べて八七・九粒と増加した。

この現象発見が契機となり、高等植物の花芽形成・着果・登熟（果実肥大）促進物質の追究を詳細に行ない、核酸成分ではウラシル、シトシンが、アミノ酸成分ではプロリンが、高等植物の生殖生長を著しく促進することを理論解析ならびに実験で成功し（第2表）、実用化に至った。その効果はイネに限らず、第3表に示す他の農作物にも増収効果があるという大きな成果にまで発展した。

第2図　イネ根圏微生物群の季節的変動

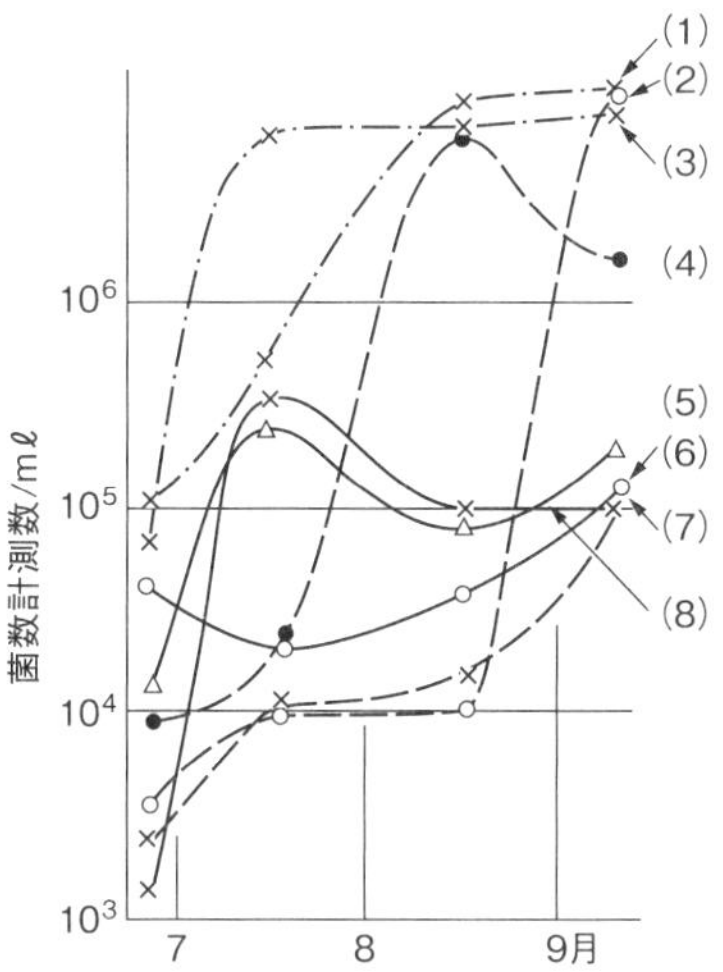

(1) 非窒素固定菌（好気性）、(2) 光合成細菌（クロマティ・アーシェ）、(3) 非窒素固定菌（嫌気性）、(4) 硫酸還元菌、(5) 窒素固定菌（嫌気性）、(6) 窒素固定菌（好気性）、(7) 光合成細菌（ロドスピリ・ラーシェ）、(8) 藻類

この図はイネ（品種：京都旭）が生殖生長期に入るころ（7月下旬）から硫酸還元菌が大増殖を起こしていることを示している。その後、出穂（9月初旬）のころに硫黄代謝に関与する光合成細菌（紅色硫黄細菌クロマティ・アーシェ）が大量増殖していることが観察される

第3図　水田土壌（枠）中のイネ根圏における微生物数の季節的変動

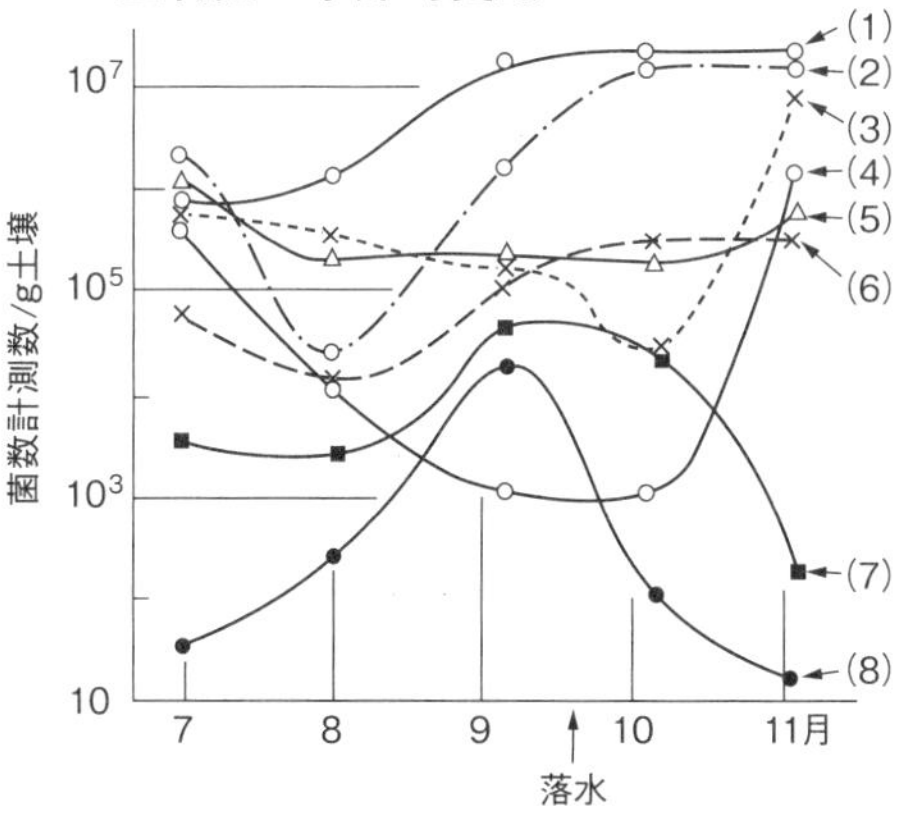

(1) 窒素固定性有機栄養微生物、(2) デンプン分解菌、(3) タンパク分解菌、(4) 硫化菌、(5) 非窒素固定性有機栄養微生物、(6) 非窒素固定性藻類、(7) 光合成細菌（ロドスピリ・ラーシェ）、(8) 光合成細菌（クロマティ・アーシェ）

水田土壌(枠試験区)においても出穂期のころに光合成細菌(紅色硫黄・クロマティ・アーシェ、紅色非硫黄・ロドスピリ・ラーシェとも)の増殖は最高に達する

第1図　光合成細菌の反応

<紅色または緑色硫黄細菌の関与する反応>

(1) $CO_2+2H_2S \xrightarrow{光} (CH_2O)+H_2O+2S$

(2) $S+CO_2+3H_2O \xrightarrow{光} (CH_2O)+H_2SO_4+H_2\uparrow$

(3) $2CO_2+Na_2S_2O_3+3H_2O \xrightarrow{光} 2(CH_2O)+Na_2SO_4+H_2SO_4$

<紅色非硫黄細菌の関与する反応>

(4) $CO_2+2H_2Acceptors \xrightarrow{光} (CH_2O)+H_2O+2Acceptors$

(5) $C_4H_7O_2-Na+2H_2O+2CO_2 \xrightarrow{光} 5(CH_2O)+NaHCO_3$

(6) $C_4H_6O_5+H_2O \xrightarrow{光} (CH_2O)2+2CO_2+2H_2\uparrow$

参考：高等植物、藻類の関与する反応

(7) $CO_2+2H_2O \xrightarrow{光} (CH_2O)+H_2O+O2\uparrow$

付記：光合成細菌のうち硫黄代謝に関与するものは、イネ秋落ちの主原因となる硫化水素(H_2S)を除去し、また非硫黄のものでは生わらなどを水田に投与してガスワキや根腐れを起こす有害成分の除去に関して大きく貢献している。そのほか水素ガスの発生や窒素固定の能力をもっている

2 光合成細菌体の施用効果

自然界において各種の廃水は、排出されたのちどのような作用をうけて汚染され、また浄化されていくのだろうか。第7図はそれを示している。人間社会から排出した廃水は自然界の微生物、とくに腐敗菌を中心とした微生物により汚染され、水質は悪化し、悪臭はただよい、ひどいばあいは水中に住む魚貝類は死ぬことになる。その汚染化に向かわしめる微生物としては、ふつうの有機栄養微生物が関与するが、第7図に示したように太陽の

光エネルギーを利用する光合成細菌などが生育してくると、その汚染された環境は浄化されていくことになる。すなわち有機物含量の高い廃水（BOD値が数千ppm以上）は第8図に示すような微生物の生態的変動によって、第4表に示すように浄化されてゆくのである。

このような自然の浄化過程における微生物の生態的変動を利用して、高濃度有機廃水の無希釈浄化処理装置を完成した。その概略を第9図に示す。また、豆腐工場廃水浄化の例を第5表に示しておく。この装置の特徴はこれまでの水処理技術に比較して効率がきわめて高く（三〜五倍以上）、そのうえ光合成細菌体を中心とした有効資源の回収ができることにあり、国内はもちろん国外においても多数、稼動するようになっている。

次に土壌の働きとの関連における利用法について概述してみよう。

①果実の着色促進

無機質肥料および光合成細菌体を有機質肥料のモデルとして富有ガキと温州ミカンを施用したその結果は第6〜9表に示すように光合成細菌体施用のほうが無機質肥料施用に比べて、果実収量、糖量とも増加した。そのうえ果色がきわめて鮮やかで、つやがでてくることが認められた。光合成細菌体中にはカロチン系色素が多量に含まれ、その色素が施用した土壌中の微生物の作用により分解、吸収、再合成に使用されることも、^{14}C標識光合成細菌体によって確かめられた。このような結果は、トマト、スイカ、メロンなど、カロチンを多量に含む果実についても確かめられている。

②果実の貯蔵性の向上

無機の化学肥料だけ施した対照区と、光合成細菌体を有機質肥料のモデルとして施した区との温州ミカンの貯蔵性を調べた（十二月十日採取、以後室温貯蔵）。その結果は第10図に示すように対照区のものは約二カ月後までに四〇％のものが腐敗し、残りのものも三月十日までに完全に糸状菌その他におかされてしまった。一方、光合成細菌体施用区で

第４図　水田状態土壌中の微生物群の変動を調べるための装置（透明ガラス製）とその土壌各部分におけるEh値

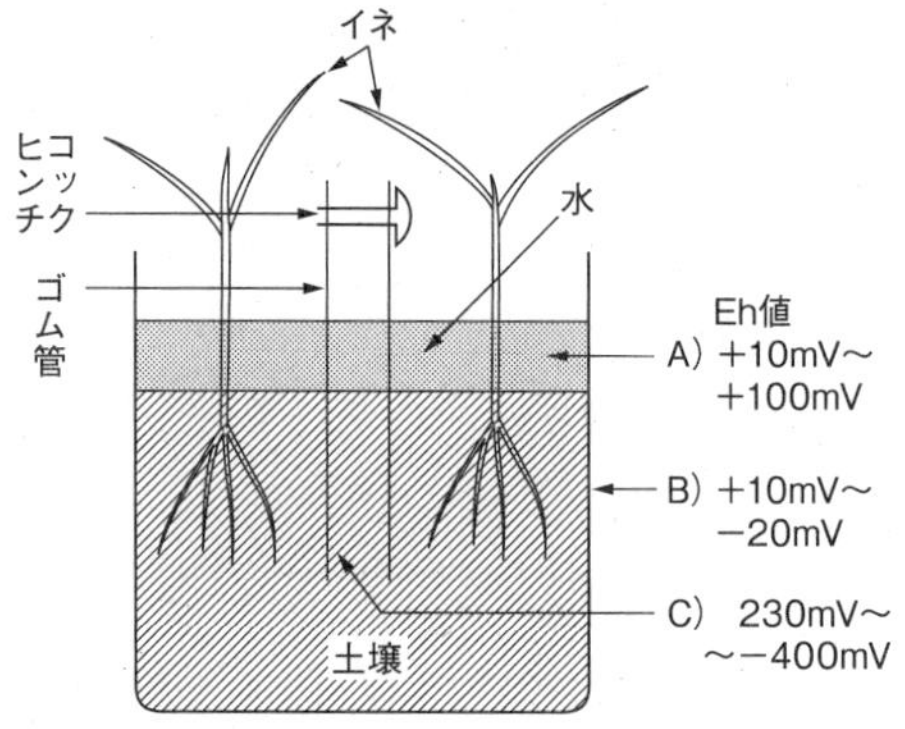

微生物群の着色変化は、ガラス側面をとおして観察できる。イネの栄養生長期の根圏域の酸化還元電位はプラスであるが、生殖生長期になると根の酸化力は鈍りマイナス数100mVにまで低下することが認められる。そのころにイネの根は呼吸が阻害され、壊死するものがでてくる（秋落ちの原因）

第５図　イネの壊死根と活性根

a）硫化水素その他有害物質の蓄積によって根はおかされ、壊死根が多くみられる
b）このような根圏域で光合成細菌が増殖していると有害物は除去され、イネの根は活性化され伸長がよくなる。新根も多い

第６図　水田など湛水土壌における微生物による硫黄の循環

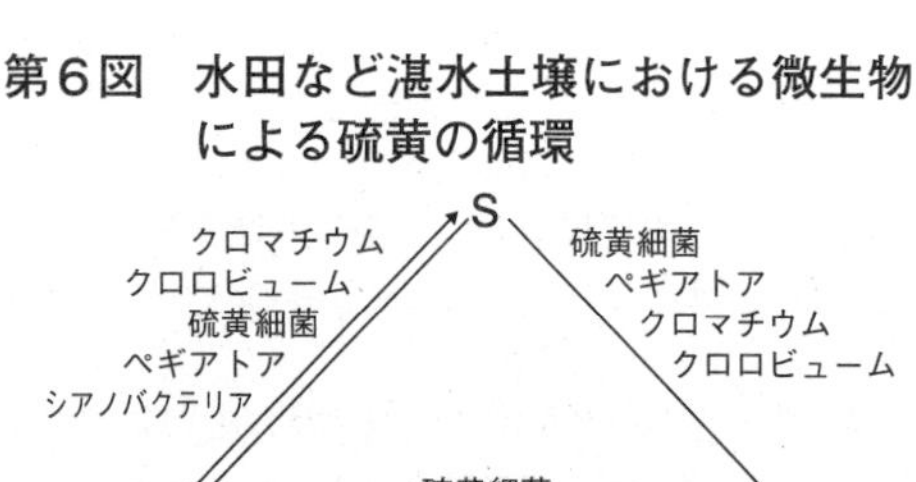

第1表　光合成細菌体施用がイネの生育・収量に与える効果
（生殖生長期に追肥用肥料として施したばあい）

処理	8月6日		9月19日		穂数	1穂粒数	1穂重 (g)
	草丈(cm)	分げつ数	草丈（cm）	分げつ数			
対照区（塩化アンモニア）	64	25.6	103.0	28.0	28	66.8	1.54
クロレラ	65	28.0	101.0	27.0	23	71.6	1.75
光合成細菌	63.6	26.3	102.0	23.3	23	87.9	2.04

第2表　イネの生殖生長期における有機物質の影響効果

処理No.	N供給量*／ポット (g)	N源	処理後の分げつ数	開花期	平均穂数／ポット	平均稔実穂／ポット	平均粒数／ポット	平均穂数／1穂	粒総量／ポット (g)	千粒重 (g)	わら／籾	稔実歩合***	わらN含量 (%)	籾N含量 (%)	対照区に対する増収比 (%)	硫安施用区に対する増収比 (%)
対照区Ⅰ	0.0		25	9月4日	16	14	532	38	13.46	25.13	2.40	91	0.56	0.95	0	-
Ⅱ	0.25	硫安100%	25	9月5日	20	17	866	51	22.32	25.69	1.85	79	0.53	1.11	65	0
Ⅲ	〃	硫安50%＋プロリン50%	29	9月4日	21	19	1.001	52	23.12	23.88	1.77	88	0.53	1.15	71	3
Ⅳ	〃	硫安50%＋ウラシル50%	24	9月2日	20	20	1.026	51	24.93	24.20	1.55	89	0.42	1.06	85	11
Ⅴ	〃	硫安50%＋プロリン25＋ウラシル25%	25	9月4日	24	24	1.679	70	32.59	23.61	1.30	92	0.40	1.05	142	46
Ⅵ	〃	硫安93%＋稲わら分解液7% ****	24	9月4日	20	20	1.470	73	28.00	24.71	1.46	89	0.39	1.09	105	25
Ⅶ	〃	PSB**細胞から抽出した粗アミノ酸100%	24	8月31日	20	18	936	52	24.77	26.46	1.67	94	0.46	1.07	81	10
Ⅷ	〃	硫安50%＋PSB細胞から抽出した核酸50%	26	9月5日	22	21	1.027	48	23.35	24.68	1.57	86	0.36	1.07	88	13
Ⅸ	〃	硫安50%＋PSB細胞から抽出したアミノ酸25%＋PSB細胞から抽出した核酸25%	24	9月6日	21	19	1.088	57	26.12	23.72	1.47	79	0.48	1.14	94	17

注　*N肥料の添加量　**PSB：光合成細菌　***稔実歩合はSPGr1.06塩水選　****稲わらを湛水分解させ、光合成細菌が生育している液

第3表　プロリンとウラシルの追肥用肥料としての効果
（トマト、ナス、ピーマン使用）

処理	果実の数（個）			果実の重さ（g）		
	トマト	ナス	ピーマン	トマト	ナス	ピーマン
対照区（硫安）	4	9	11	46.29	252	129.9
プロリン	5	9	17	64.74	279	117.9
ウラシル	10	11	16	60.90	279	166.8
ウラシル＋プロリン	15	9	20	256.98	340.5	198.0

第7図　土壌ならびに水域における太陽エネルギー利用物質循環と微生物の位置づけ

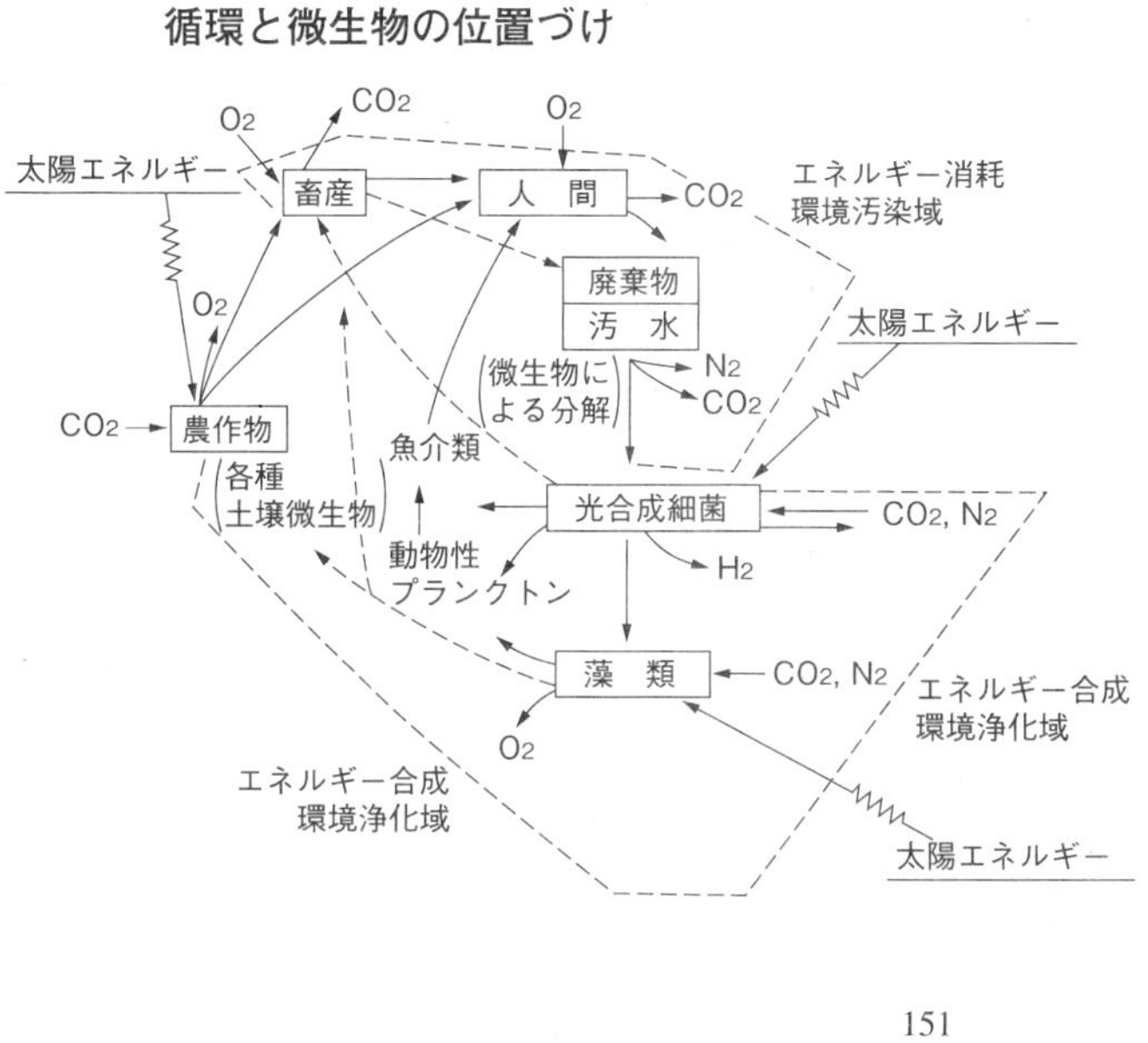

は、三月初旬まで一個も腐らず、七月に一回だけ施した区がようやく三月中旬になって二〇％のものが青かびにおかされ始めた。

とくに興味のあるのは七、八、九月の計三回に分けて光合成細菌体を施したものは、採取後約五カ月すなわち翌年の五月に至るまで一個も腐らなかったことである。もちろん室温で放置したため果実中の水分は蒸発し、徐々に皮は乾燥して固く茶褐色になり、中身の果汁が濃縮されて袋が小型化したがまったく腐らなかった。

光合成細菌体を施用したばあい、その菌体を基質（えさ）として繁殖する種々の土壌微生物による好影響やアミノ酸、低分子量核酸類、カロチン系色素などの吸収による効果に

よって腐敗防止効果の増大が起こったものと考えられる。

良質の有機質肥料を上手に施用すれば特別な処理をすることもなく、食用に供する期間、ほとんど腐敗しない温州ミカンをつくることができることを、この事実は意味しており、その他の果実についても同様の成果が得られている。

③栄養価の向上

トマトに光合成細菌体を施用すると無機質肥料だけ施用の対照区に比べて増収するばかりでなく（第10表）、果実中のビタミンB_1やC含有量が増加する事実が認められた（第11表）。

この理由はいろいろ考えられる。第12表に示すように茎葉／根比が低下する。すなわち根と茎葉の生長のバランスがとれた体格的にりっぱな（茎は太く葉は厚い）ものになる効果と、第13表に示す微生物数と放線菌／糸状菌の比の増加とが大きく関与しているものと思われる。

④微生物相に与える影響

第13表に示したように、光合成細菌体を添加すると砂耕および土耕栽培とも放線菌／糸状菌の比が増大する。これは放線菌が光合成細菌体をえさとして利用、増殖し、その結果、糸状菌の生育が抑制されたことになる（第11図）。

第８図　自然界における高濃度有機廃水の浄化過程中における微生物群の変動

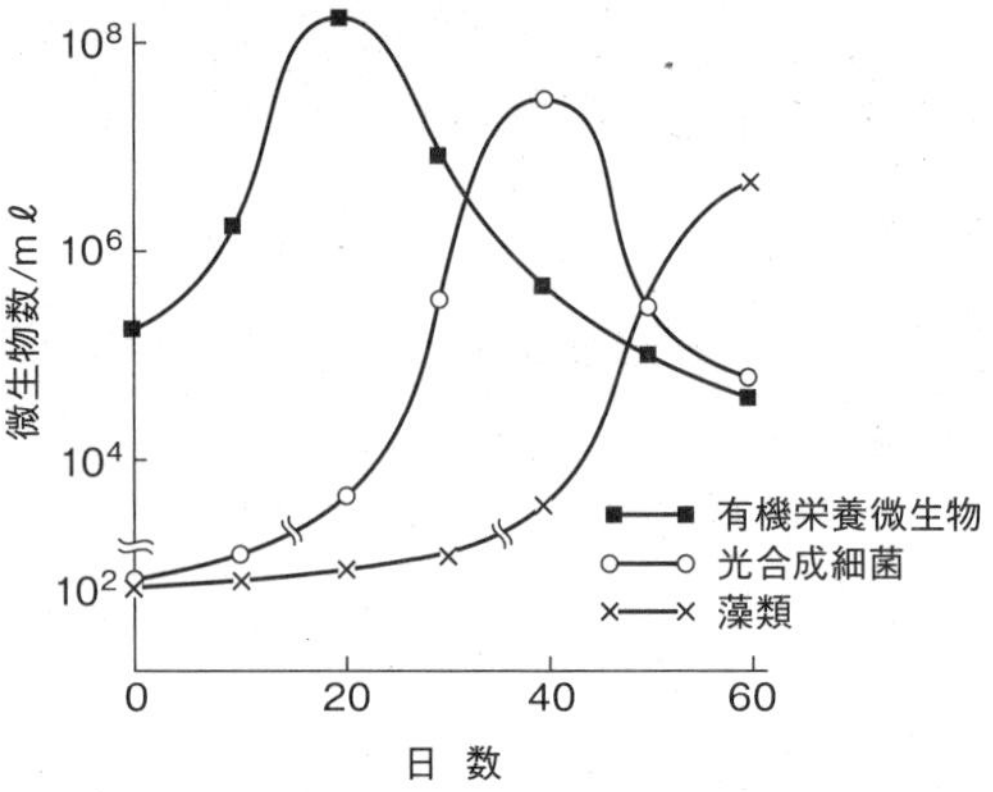

第４表　稲わら、羊毛洗浄廃液、生し尿分解時におけるBOD値、アンモニア量の経時的変動（ppm）

		有機栄養微生物生育時	光合成細菌生育後の上液部	クロレラ生育後の上液部
稲わら	BOD	10,000以上	200～500	10～50
	アンモニア	800	100～300	2～7
羊毛廃液	BOD	20,000以上	500～800	10～60
	アンモニア	6,000	200～400	10～50
生し尿	BOD	20,000以上	200～500	10～50
	アンモニア	10,000以上	100～500	10～50

第９図　光合成細菌利用による有機廃水の浄化処理のフローシート

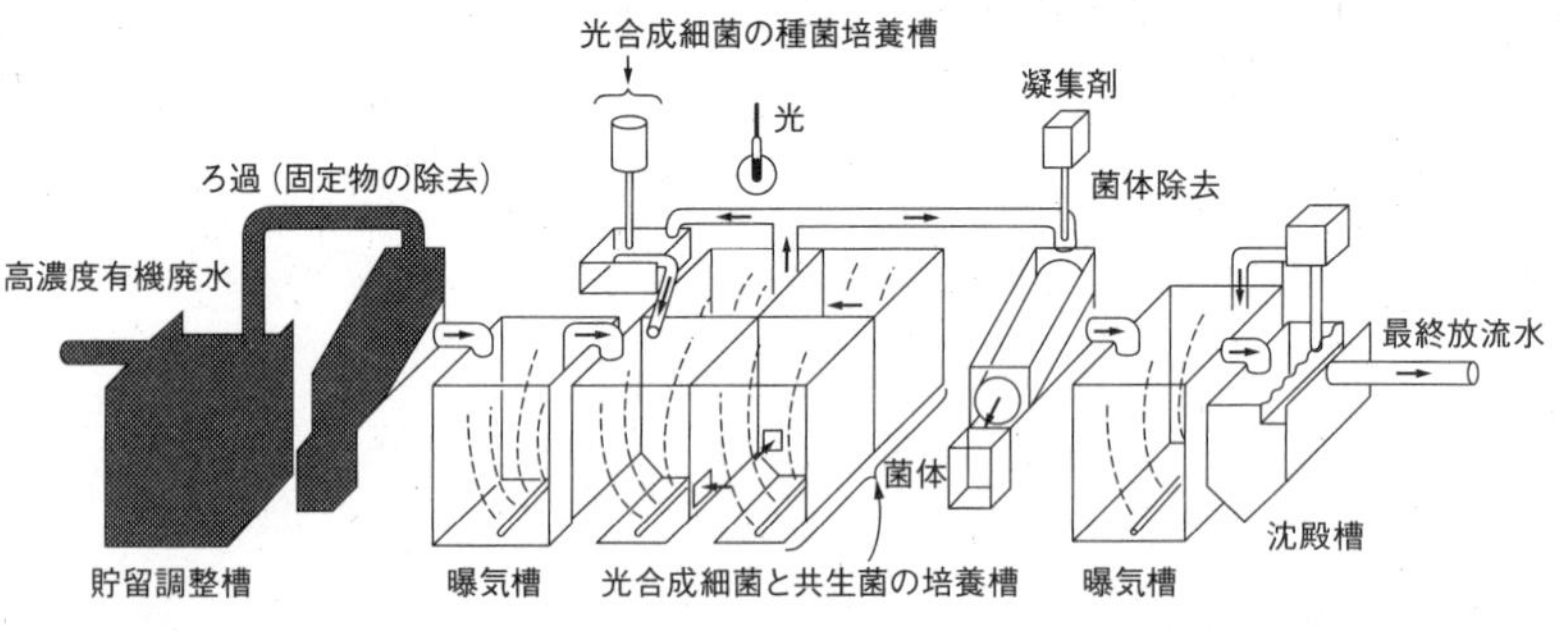

第５表　豆腐工場廃水浄化の例

		原水	光合成細菌処理後の上澄液	放流水
BOD	(ppm)	11,300	340	15
COD	(ppm)	9,800	270	17
SS	(ppm)	3,930	23	5
ケルタール窒素	(ppm)	3,850	280	11
pH		6.4	7.8	7.2

第6表 富有ガキの果重と成分

	果数	果 重（kg）	1果平均重（g）	果色*（H.C.C）	水 分（%）	糖 度（Brix）	酸 量**（%）	還元糖量**（%）	非還元糖量**（%）	全糖量**（%）
対照区（無機肥料）	32	7.1	222	12	84.7	14.7	0	10.82	2.34	13.16
処理区（有機肥料）	43	8.2	191	13	83.3	16.4	0	12.56	2.57	15.13

注 *果色：12 Orange（橙黄色）、13 Saturnred（朱橙色） **新鮮重当たり
有機肥料区は光合成細菌体を施したもの

第7表 富有ガキの果皮のカロチノイド量（mg／100g新鮮重）

	β-カロチン	リコピン	クリプトキサンチン	ゼアキサンチン	計
対照区（無機肥料）	3.11	2.77	13.02	7.68	26.58
処理区（有機肥料）	2.93	4.24	15.67	8.97	31.8

第8表 普通温州ミカンの果重と成分

	果数	果重（kg）	1果平均重（g）	果色*（H.C.C）	糖 度（Brix）度	酸量（%）	甘味比	還元糖量**（%）	非還元糖量**（%）	全糖量**（%）
対照区（無機肥料）	44	4.2	96	8	10.2	1.56	6.5	3.22	5.16	8.38
有機肥料 5、6、7月処理区	45	4.7	104	8	11.1	1.44	7.7	3.35	5.60	8.95
有機肥料 6、7月処理区	42	5.2	123	8	10.9	1.29	8.5	3.42	5.48	8.90
有機肥料 8月処理区	48	5.4	112	9	10.6	1.35	7.9	3.30	5.27	8.57
有機肥料 9月処理区	43	4.6	106	9	10.5	1.57	6.7	3.34	5.25	8.59

注 *果色：8 Cadmium Orange（淡橙黄色）、9 Tangerine Orange（橙黄色）
**新鮮重当たり％

第9表 普通温州ミカンの果皮のカロチノイド量（mg／100g新鮮重）

	Phyto-fluence	β-カロチン	δ-カロチン	クリプトキチンサン	ビオラキチンサン	計
対照区（無機肥料）	0.26	0.072	0.275	1.073	0.264	1.939
有機肥料 5、6、7月処理区	0.248	0.081	0.268	1.068	0.248	1.913
有機肥料 6、7月処理区	0.256	0.078	0.259	1.082	0.257	1.932
有機肥料 8月処理区	0.274	0.083	0.284	1.094	0.283	2.018
有機肥料 9月処理区	0.271	0.075	0.286	1.089	0.280	2.001

第10図 光合成細菌体を施用したばあいの温州ミカンの腐敗防止効果

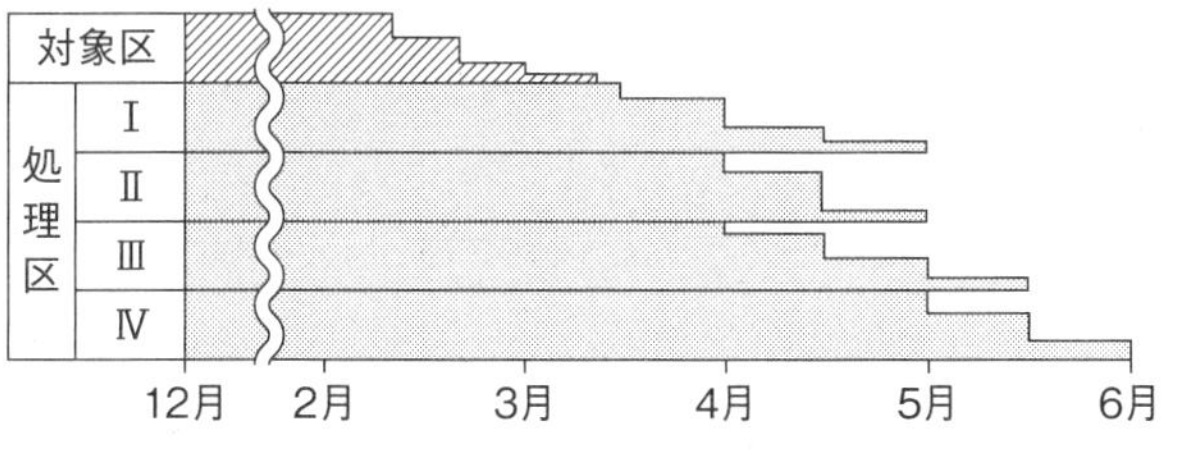

第10表 光合成細菌体を施用したばあいのトマト果実の収量に及ぼす影響

	全果実数	全果実重（新鮮重g）	平均果実重（新鮮重g）
砂耕 対照区	14	729（100）	52.0
砂耕 処理区	16	805（110）	50.3
土耕 対照区	16	1,049（100）	65.5
土耕 処理区	22	1,408（134）	64.0

注 処理区の平均果実重が対照区より低いのは、狭いポット栽培で果実が多くつきすぎたことによる

このような現象は、病原性糸状菌の抑制という面からみて大いに興味のある事実である。放線菌は各種の土壌病害の原因になるフザリウム、ピシウム、リゾクトニアなどを溶菌するなどの働きがあるからである。

なお第11表に示したように、土耕ではビタミンB_1、C含有量が砂耕のものに比べてかなり高いことは注目してよい。微生物数が土耕では砂耕の十数倍高いことを考えあわせると（第13表）、このことは土壌微生物数と果実中のビタミン含量、色つや味、糖度の上昇などとの相関性が高いことを示しているものと推察できる。

3 利用法の実際（光合成細菌を生かす土壌管理）

①水田土壌のばあい

光合成細菌は、湛水状態にある有機物の多いところには多数生存している。水田土壌やレンコン栽培土壌には非常に多く、また、自然界では不潔な底泥において、季節の変動期、とくに春や秋には大増殖し、そこに蓄積している低分子量の有機物や硫化水素を除去してその環境を浄化したのち、徐々に減少していくという生態的変動をくり返している。

くり返しになるが、水田土壌やレンコン栽培土壌で、湛水条件下で発生した硫化水素その他の有害物質の除去に光合成細菌が活躍していることは、光合成細菌の大きな特徴といえる。湛水土壌で栽培するレンコン、イネその他イグサなどの栽培環境を守る有効菌として大きな役割を果たしている細菌といえよう。もし、湛水の土壌環境において光合成細菌の数が少ないと、硫化水素その他の有害物がその環境で蓄積し、そこに栽培された植物の根に被害がでるころになっても光合成細菌の大増殖が始まるまでに数週間の時差が生じ、その間に有害物質によって根の呼吸阻害、栄養代謝阻害がひき起こされ、根は障害をうけることになる。そこで根の環境を守るために、光合成細菌の増殖が遅れをとらないような土壌管理が必要になる。

光合成細菌は低級脂肪酸などを増殖に必要とするので、完熟堆肥などの有機物を一〇a当たり一t以上投与すると、光合成細菌はよく増殖するようになる。すなわち、イネの移植前に完熟堆肥を投与し耕うん機で耕

第11表　光合成細菌体を施用したばあいのトマト果実中のビタミンB_1およびC含有量

		ビタミンB_1 (mg%)	ビタミンC (mg%)
砂耕	対照区	0.19（100）	25.6（100）
	処理区	0.12（133）	28.6（111）
土耕	対照区	0.16（100）	30.2（100）
	処理区	0.18（112）	32.6（108）

注　処理区の平均果実重が対照区より低いのは、狭いポット栽培で果実が多くつきすぎたことによる

第12表　光合成細菌体を施用したばあいのトマトの生育に及ぼす影響

		茎葉重（乾物重g）	根重（乾物重g）	茎葉／根
砂耕	対照区	57.7	15.0	3.85
	処理区	51.3	20.5	2.50
土耕	対照区	58.2	22.1	2.63
	処理区	55.1	30.3	1.82

第13表　無機肥料および光合成細菌体処理によるトマト栽培3カ月後における微生物数の比較

		細菌*	放線菌*	糸状菌*	放線菌／糸状菌
砂耕	対照区	$3.8×10^5$	$1.0×10^5$	$18.0×10^4$	0.56
	処理区	$9.0×10^5$	$1.2×10^5$	$4.0×10^4$	3.0
土耕	対照区	$8.5×10^6$	$5.2×10^5$	$5.0×10^5$	1.0
	処理区	$16.3×10^6$	$23.0×10^5$	$15.0×10^5$	1.5

注　*計調数/g

第11図　フザリウム・オキシスポラムと、それにむらがる放線菌

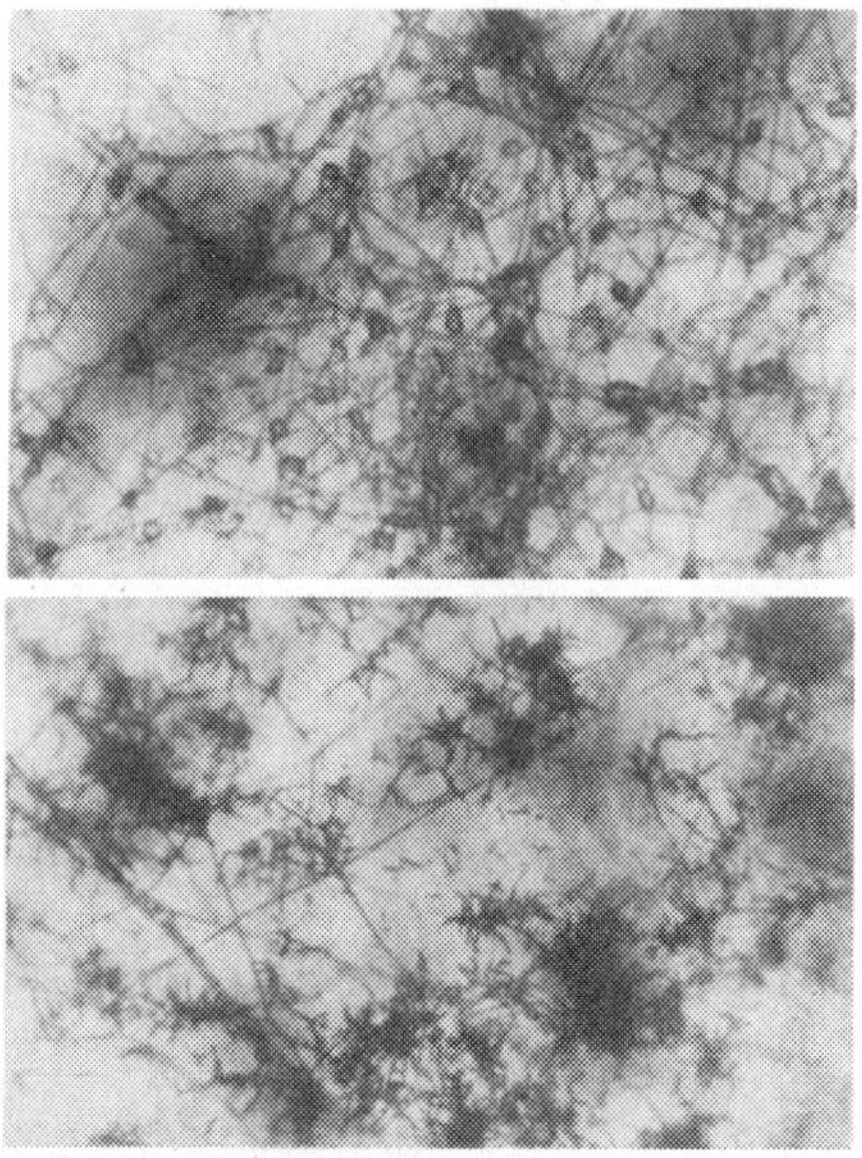

オキシスポラムの菌糸（厚膜胞子がみられる。×800）
下：F.オキシスポラムの菌糸にむらがり溶菌させている放線菌（×800）

うんしてその有機物を土壌に混ぜておくと、光合成細菌はイネの幼穂形成期の後期ごろに大増殖する。

最もてっとり早いのは硫化水素など有害物質の発生、蓄積が起こり始めるころに、別に培養しておいた光合成細菌を大量投与することで、根圏域の環境は浄化され、根の健全性は守られる。

イネ栽培では中干しという作業が行なわれている。根の酸化力が低下する時期に水を落とし、土壌への酸素の供給と有害成分の除去をねらって行なわれる作業であり、光合成細菌がよく増殖するような条件であれば強い中干しは必要がないということになる。また、水を落とすことのできないような老朽化水田その他レンコン栽培土壌などの環境を守るには最適の細菌といえる。

なお、完熟堆肥ではなく生わらその他未熟有機物を施すと、光合成細菌の増殖が遅れる傾向があり、生わらなどの未熟のものが腐熟するさいにでてくる有害物質によって根がやられることが多いので、注意しなければならない。

②畑土壌のばあい

畑土壌そのものには光合成細菌はほとんどいないと思われるが、これまで述べてきた光合成細菌の働きからみたばあい、畑土壌の土壌管理についても大きな示唆が得られる。

畑土壌でも、条件さえよければ光合成細菌は増殖する。たとえば、ハウスなどで連作障害対策として湛水除塩が行なわれ、それなりの効果をあげている。このばあい有機物に富んだ土壌であれば、湛水期間中に光合成細菌が増殖していることが充分考えられる。増殖した光合成細菌は、その後、畑地化すると放線菌のえさになり、放線菌の増殖をたすけて、土壌微生物環境をよくすることにつながる。こうしたことを考えると、田畑輪換という水田と畑の輪作は、微生物の働きを生かす意味からみても、きわめて合理的な農法だということができよう。

さらに、光合成細菌の多い土壌を畑地に入れるという方法も考えられる。溜池やクリークの底にたまった泥は光合成細菌の宝庫であり、有害な重金属などの心配さえなければ、きわめてすぐれた改良資材といえよう。これを堆肥づくりの素材に利用すれば、放線菌など有益菌の多い堆肥をつくることができる。

③土壌以外への利用

水産界　日本は世界の海における乱獲から締め出され、やむなく養殖漁業へと方向転換せざるをえなくなった。そしてこの十年来、年とともに生産量は倍加しつづけてきた。しかし数年前からクルマエビのえら腐病をはじめとして甚大なる被害がでるようになっている。その原因が土壌の連作障害と同じフザリウムその他土壌伝染性病原菌に起因することが判明し、前述したような事実を利用して光合成細菌体その他拮抗微生物を投与することによって、クルマエビなど魚貝類には無毒で病原性菌だけ抑圧できるようになった。また光合成細菌体は活魚の稚魚の養殖にも利用され、広く水産界にも貢献している。

畜産界　光合成細菌体中には抗ウイルス活性物質を含んでいるので産卵鶏のマレック病の発病抑圧、子豚の離乳期におけるウイルス性下痢の防止等々に成果をあげている。

農業技術大系土壌施肥編第一巻　土壌の働きと根圏環境　光合成細菌（有効利用技術）　一九八七年

本書は『別冊 現代農業』2012年4月号を単行本化したものです。

著者所属は、原則として執筆いただいた当時のままといたしました。

農家が教える
光合成細菌　とことん活用読本
肥料に、堆肥に、土壌・水質改善に

2012年10月25日　第1刷発行
2025年 1月30日　第9刷発行

農文協　編

発行所　一般社団法人　農山漁村文化協会
郵便番号 335-0022 埼玉県戸田市上戸田 2-2-2
電 話 048(233)9351(営業)　048(233)9355(編集)
FAX 048(299)2812　振替 00120-3-144478
URL https://www.ruralnet.or.jp/

ISBN978-4-540-12224-8　DTP製作／ニシ工芸㈱
〈検印廃止〉　印刷・製本／TOPPANクロレ

定価はカバーに表示
乱丁・落丁本はお取りかえいたします。